本书是由贵州省教育厅项目“规避喀斯特生态脆弱环节的各民族知识技能和技术研究”(2006)和贵州省软科学基金项目“贵州省喀斯特生态恢复与扶贫开发运行模式研究”(2012)资助完成

# 麻山喀斯特地区石漠化救治与扶贫开发的文化对策

崔海洋　杨　洋　著

知识产权出版社
全国百佳图书出版单位

## 内容提要

本书仅以麻山的生态建设及扶贫开发为例，探讨了生态人类学在实践中的应用可能，如果这样的实践能够达到预期的目的，我们更希望类似的地区也应当以生态人类学的方法为指导，去完成艰巨的生态建设任务。但应提出的是生态人类学研究的旨趣，绝不仅停留于简单的应用，而是要探讨人类社会与地球生命体系之间的制衡关系，希望澄清人类社会可持续稳态运行的哲理基础，探讨人类创造的文化在人地关系中所扮演的独特角色，以此揭示人类生态行为可能导致的生态后果，以及人类应当如何通过资源利用方式的改变去赢得更大生存空间的延续能力。

**责任编辑**：王辉　　**责任出版**：刘译文

**图书在版编目（CIP）数据**

麻山喀斯特地区石漠化救治与扶贫开发的文化对策/崔海洋，杨洋著. —北京：知识产权出版社，2013.8

ISBN 978－7－5130－2220－0

Ⅰ.①麻…　Ⅱ.①崔…②杨…　Ⅲ.①喀斯特地区—沙漠化—综合治理—研究—望谟县②喀斯特地区—扶贫—研究—望谟县　Ⅳ.①P942.734.73②F127.734

中国版本图书馆 CIP 数据核字（2013）第 194482 号

**麻山喀斯特地区石漠化救治与扶贫开发的文化对策**

崔海洋　杨洋　著

**出版发行**：知识产权出版社

| | |
|---|---|
| **社　址**：北京市海淀区马甸南村 1 号 | **邮　编**：100088 |
| **网　址**：http://www.ipph.cn | **责编传真**：010－82000860 转 8353 |
| **发行电话**：010－82000893 82000860 转 8101 | **传　真**：010－82000893 |
| **责编电话**：010－82000860 转 8381 | **责编邮箱**：wanghui@cnipr.com |
| **印　刷**：知识产权出版社电子制印中心 | **经　销**：新华书店及相关销售网点 |
| **开　本**：787 mm×1092 mm　1/16 | **印　张**：9.75 |
| **版　次**：2014 年 1 月第 1 版 | **印　次**：2014 年 1 月第 1 次印刷 |
| **字　数**：150 千字 | **定　价**：32.00 元 |

ISBN 978－7－5130－2220－0

# 目　录

# CONTENT

# 第一章 引 言

## 第一节 问题的缘起

喀斯特山区在贵州分布范围广，尤其是其腹心地区——麻山①，据已有的调查资料表明，喀斯特山区面积超过全省总面积的65%，包括了喀斯特岩溶结构发育的不同阶段，构成了贵州省喀斯特自然地质结构千姿百态的景观。由于喀斯特山区特殊的地质地貌特征，使其生态系统具有复杂性、多样性和相对封闭性。较容易导致生态灾变，这是贵州地质结构的突出特点之一。生活其间的各世居民族，如汉族、布依族、苗族、仡佬族、瑶族等，在与自然抗争的过程中，为了应对自然环境的挑战，建构了千姿百态的各民族传统文化，并形成了众多旨在与自然和谐共存的生存智慧与生存技能。

20世纪中期以来，山川秀美、物产丰富的麻山，由于受到外部社会力量的冲击，人们被短期经济利益所驱使，在对麻山地质、生态结构特殊性缺乏深入、透彻了解的情况下，强行引入了不适应麻山生态结构的资源利用办法和管理办法，企图获取更大的经济效益，这种做法不仅扰乱了麻山生态系统正常运行的秩序，还窒息了当地各民族的生态智慧和技能，在这些民族的传统生计方式被冷落和忽视的情况下，麻山地区的生态结构也日趋蜕变，酿成了难以逆转的土地石漠化灾变。这一后

① “麻山”一名始见于清代典籍，当时所指范围包括今天贵州省的紫云、望谟、惠水、长顺、罗甸五县的毗连地带.

果，不仅给生息在麻山地区的各民族带来了惨重的损失，使他们日趋贫困，同时还威胁到了周边地区的生态安全。其后果的严重性，很快引起了党和人民政府的深切关注，先后推出了多种扶贫措施，但经过二十多年的努力后，效果并不明显。原因在于，麻山各民族居民所面对的困难，不是单纯的经济贫困问题，而是生态灾变的治理问题。于是，为了遏制石漠化灾变，不同学科的学人纷纷介入麻山，力求找到麻山生态建设的对策和方略。

在喀斯特山区的生态系统中，如果资源利用办法不当，很容易导致土地的石漠化。所谓土地石漠化，是指土地资源的石质荒漠化。它是全球防治荒漠化行动中，需要重点对付的生态灾变之一。其表现形式为，表土被剥离后，基岩与砾石大面积裸露，由于失去了表土，植物无法生存，依赖植物为生的动物和微生物也无法生存，因而整个地表呈现出荒漠景观。① 荒漠景观一旦出现，人类就无法再加以利用。这样的土地资源，对人类而言，就失去了利用价值。因而，它是一种灾难，是人类社会需要救治的对象。目前学术界，对土地石漠化尚未形成统一的评估指标和术语规范。为了便于研究，本书是将基岩与砾石出露地表面积超过土地总面积75%的地段，称为石漠化灾变的重灾区；将石漠化面积超过50%的地段，称为中度石漠化区；基岩和砾石裸露比例超过25%的地区，称为轻度石漠化地区；将基岩和砾石出露面积低于25%的地区，称为潜在石漠化地区。上述指标，基本上可以反映贵州省喀斯特山区石漠化的程度，但要形成学术界公认的评估指标，还有待不同学科学人的充分讨论和认同。

喀斯特山区的土地石漠化既然是一种灾变，本书的研究任务就只能是探寻救治这种灾变的对策。为此，本书当然需要明确地提出我们的灾变救治目标，也就是麻山地区生态建设的总体目标。我们认为，不管是上述哪个等级的石漠化，只要能将基岩和砾石裸露比例降至25%以下，就算实现了短期的石漠化灾变救治目标。若要实现高标准的治理目标，则要求将一切裸露的基岩都被植物所覆盖，特别是被苔藓植物所覆盖，使原先的石漠化地区重新形成表土层，并被植物群落所覆盖，使

---

① 黄钰铃，惠二青，李靖. 中国西南喀斯特地区石漠化成因及防治初探，地质灾害与环境保护，2006年，第1期，第1-4页.

这样的地区能重新获得利用价值。而且所形成的生态系统能超长期的稳态延续,即使在高效利用下,也不改变其稳态延续性能,才算完成了石漠化灾变救治的终极目标。不消说,这一终极目标的实现,就是在麻山地区再造一个山川秀美的人为生态环境,重建和谐的人地和人际关系,也就是科学发展观在麻山地区的具体化。

应当看到,彻底救治麻山地区的土地石漠化灾变,是一项浩大的生态工程。完成这项工程,需要众多学科学人的同舟共济,协同努力,而决不能凭借一笔投资、一项工程,或者单独哪个学科的学人就试图完成这一使命。我们虽然是从文化人类学的思路出发,但我们深知我们必须争取其他学科学人的理解、支持和帮助,才有希望实践这项伟大的生态重建工程。因而,在此所提出的观念、结论、对策和方法,仅具有参考价值,或者启示价值。这项伟大工程的完成,不仅需要党和人民政府的支持,也需要不同学科学人的认同和支持,更其需要生息在麻山地区的各族居民坚持不懈的努力。为此,本书无论存在着什么样的缺陷和不足,都是我们的失误。如果我们的见解能对不同学科的学人有所触动或有所启示,成绩都来自于麻山各族群众,我们仅是真实地转述了他们的智慧和技能。本书涉及的思想、方法,决不是笔者凭空想出来的,而是在长期的田野调查实践中,在各族群众身上感悟出来的理念和认识。因此,我们非常渴望得到学术界同仁的理解和支持,更渴望得到麻山各族居民对我们工作的认同。

要实现对喀斯特石漠化山区的恢复,当然得借助前人对喀斯特山区地质结构的研究成果,也需要借鉴生态学家的相关研究成果,更需要重新解读麻山的社会历史过程。为此,我们需要对前人有关麻山的研究成果作一个总体的回顾,以便从中提出我们的研究思想和方法。

## 第二节　国内外研究现状

长期以来,由于现代学科体系中不同学科之间理论、方法和视角的差异,人们往往是将喀斯特山区的地理、地质与社会群体等分别由不同的学科和学人加以研究。地质学和自然地理学者们致力于探讨喀斯特景观的形成、变化及其客观上对经济的利弊影响。这方面的研究以卢耀如①和杨明德②等人的成果最具代表性，他们的研究几乎都不涉及相关地区的民族文化，而是把喀斯特地质地理结构的递变视为纯粹的自然现象去加以对待。公正地说，麻山地区土地资源的石漠化当然包含着自然递变的内容，但自然递变的速率极其缓慢。而本书此次研究的土地石漠化，却是快速形成的土地资源灾变，自然因素在其间虽然也发挥了一定的作用，但决不是土地石漠的主要原因。从旅游学和经济地理学角度研究喀斯特秝系统的学者，主要有宋林华（1994）、张帆（1998）、张幼琪（2000）、熊康宁（2005）等人，他们侧重于探讨喀斯特地貌作为一种旅游资源的开发利用价值。类似研究，具有直接的经济利用价值，也触及到了对喀斯特生态系统的保护问题。因而对此次研究具有一定的参考价值，我们可以从中找到人为因素对喀斯特生态系统蜕变的有益借鉴，使本次的探讨获得一种多视角的研究思路。生态学者和环境科学者们，如谢家雍③、朱守谦④、高贵龙⑤（《喀斯特的呼唤与希望》2003）等，则从生物与环境相关联的角度，探讨喀斯特山区生物群落的特异性以及在人类的干预下的生态蜕变，特别是喀斯特山区的石漠化灾变，以及生态保护与发展的关系。类似的研究成果，直接触及到了喀斯特山区石漠灾变的成因问题，特别是强调了人为因素的作用，从而对此次的研究具有直接的借鉴意义和参考价值。我们研究的不同之处仅在于，在人为因素的理解中引入了文化这一概念，从而使得，对石漠化灾变成因的分析更加切实和到位。提出的对策，也因为具有了文化的内涵而更具有可操作性。首次将民族志田野调查方法和植物学、生态学方法结合起来研究喀斯生态文化系统者，当属龙成昌、陈训、罗娅等人（2005）的《贵州喀斯特山区民族植物学研究与社区发展》一书，值得高度关注。该书之所以值得关注，是因为作者事实上已经在研究中引入了文化观，并以特定的民族文化事实在一定程度上揭示了喀斯特文化的某些特质，为本书的研究铺垫了坚实的认识基础和方法论基础。而社会生态学者，如赵德光

---

① 卢耀如.《中国岩溶——景观·类型·规律》，广州：暨南大学出版社，1986 年.

② 杨明德.《喀斯特研究》，贵阳：贵州民族出版社，2003 年.

③ 谢家雍.《西南石漠化与生态重建》，贵阳：贵州民族出版社，2000 年.

④ 朱守谦.《喀斯特森林生态研究》，贵阳：贵州科学技术出版社，2003 年.

⑤ 高贵龙.《喀斯特的呼唤与希望》，贵阳：贵州科技出版社，2003 年.

等人(1994,2004)对云南彝族撒尼人密枝林的社会生态学研究,张惠远等人(1999)对喀斯特山区土地利用变化的人类驱动机制的研究,注重社会组织和社会心理与生态变迁之间的关系,在方法上虽然对本次研究具有很重要的参考价值,但他们几乎都仍没有把喀斯特提升到一种文化事项的角度来理解。屠玉麟等人的《独特的文化摇篮——喀斯特与贵州文化》(2002)一书,可谓是这方面的一种重大学术突破,但该书主要是从文化史的角度梳理既有文献来论述喀斯特与贵州文化源流之关系,并未系统地从文化人类学学理上来分析喀斯特文化作为一种文化系统的本底结构特质及其多重价值。我们将在上述学人的研究基础上,展开新一轮的研究。我们希望克服的障碍在于,将同一喀斯特山区的人地关系做出不适当的人为分割,将喀斯特地区的人地关系视为一个整体,维系这个整体的信息系统则是生息在该地区的各民族及其文化。因而只有从文化的视角出发,才能探明喀斯特地区土地石漠化的成因,也才能从中找到救治土地石漠化灾变的可行对策。

## 第三节 研究方法及意义

我们的研究对象是贵州麻山地区,希望解决的难题是,如何利用各民族文化的正常运行去遏制土地石漠化的势头,完成已石漠化土地的生态恢复使命。在整个研究过程中,民族文化不仅是研究的切入点,也是对策、思路的归属,同时还是完成此项生态工程的原动力。凭借这样的理解,我们认为喀斯特山区的地质结构具有特异性,作为一种客观的自然存在,它对于生活在其间的各民族而言,总是得失参半。各民族在世代经验长期积累的基础上,通过文化不断适应的机制,达成了人地关系的协调共处。这样的经验智慧既可以直接转换成物质形式的文化事实,又可以体现为非物质形式的文化事实。对外部市场而言,两种文化事实都具有观光、鉴赏和体验的旅游市场功能,同时也具有为本民族所处地区提供生态安全维护的公益功能。当这些文化事实转换成市场产品时,它们同时具有成本最低化、产出最大化的市场潜质,其产出的物质产品包括:药材、观赏品、纺织品、特有产品等。

以往文化产业开发的弊端在于,只注意到文化中的某一项功能,并不惜一切代价地强调和放大这一功能的价值，没有认识到喀斯特文化是一个统一的整体，与喀斯特文化的各种产业经营必须相互支持、相互渗透，才能实现整个文化产业利益所在，就能实现各种单项的文化产业市场开发，并将其整合成为系统的喀斯特文化产业运作的良性运行。① 我们只要找到喀斯特山区各民族文化产业经营的共性特征及共同，从而纳入市场化的渠道，为推动喀斯特山区的经济发展和社会和谐做出贡献。

我们还认为，麻山地区的土地石漠化灾变正是市场开发中错用了不适应当地生态环境的资源利用方式长期积淀而导致的恶果。这种错用，是对当地各族居民地方性生态知识的轻蔑和歧视，是一种文化偏见推动的社会运行冲击了麻山地区原有的人地和谐关系而积累下来的总祸患。因而，我们主张发掘利用各民族的地方性生态知识，去救治这一灾变。同时完成麻山地区喀斯特文化的产业重构，以此实现麻山地区的彻底脱贫。

此次本书的研究方法在于：以文化人类学的方法为主导，借人类学所具有的整体论（holism）优势，博采众多学科所长，将喀斯特地区的生态形貌与文化样态视为一个有机整合的体系，综合分析其内涵和特质；并从人地关系和谐的视角出发，探讨喀斯特文化的多重价值，务使喀斯特山区各民族的传统文化资源得到充分而合理的开发利用，有效地服务于贵州省的可持续发展大业，特别是文化产业的建设。贵州喀斯特山区的人文地理特点是地质结构多样性并存，生态系统的多样性并存和民族文化多元并存。而理解三者的协调共存关系时，我们需要立足于人本精神，从民族文化的角度出发，系统认识三者间协调关系建构的社会历史过程。为了确保课题研究能将整个喀斯特山区的人地关系纳入观察视野之中，本研究立足于各民族传统文化，整理各民族对喀斯特生存环境的认知、改造和利用方法，全面弄清喀斯特山区人地关系和谐的实质及包含在其中的生态智能和技能，使之成为贵州省文化多样性保护和文化产业发展指导思想的有机构成部分。

---

① 刘维民，曾宪灵．贵州喀斯特文化定位保护与利用，经济研究导刊，2011 年，第 31 期，总第 141 期，第 165－166 页．

民族文化产业化运营的关键是要解决好传统文化与市场化运作的有效接轨问题。[①] 为此,本书研究方法是立足于前人的研究成果,具体地探讨如何通过文化产业队伍的努力,将业已存在的喀斯特山区各民族千姿百态的文化事项作为市场资本纳入产业渠道运作,并产生可观的经济效益。其具体做法是,结合现代文化市场的供求实情,探讨文化产品及其市场潜力,通过利用生态建设、传媒推介等渠道,将喀斯特山区各异的生态智慧与技能,转变为市场化产品,形成文化产业的经济效益。

① 郭占锋,罗树杰. 发展视角下的少数民族文化产业化——基于云南的田野调查,2010 年3 月,第27卷,第1 期,第79 –88 页.

# 第二章　麻山地区生态背景

“麻山”一名始见于清代典籍，当时所指范围包括今天贵州省的紫云、望谟、惠水、长顺、罗甸五县的毗连地带，东起蒙江，西至水塘克嵯一线，南起桑郎河北岸，北达板当至云盘一线，总面积近 2400km²，①这期间除了从南至北贯穿全境的格往河以外，完全没有地表径流。这一地区属于高度发育的喀斯特山区，地表密布峰丛洼地，地下伏流溶洞众多，被地理学家称为典型的“生态脆弱区”。② 目前这一地区石漠化灾变已经成了制约当地生产和生活的严重生态灾变，全境内 60% 的地表呈现为不同程度的石质荒漠化，石漠化严重地带地表基岩和砾石的裸露范围超过了地表总面积的 75%，介于中度至强度石漠化之间，③最严重的地段甚至超过了 95%，除了岩缝之外，几乎看不到土壤，地表全部为石头覆盖，只能长出稀疏的灌丛和荒草，既无法耕种，也无法放牧。④ 石漠化灾变已经成了当地居民正常生活的严重障碍。当地政府不得不组织当地居民集体迁往外地，以确保居民的正常生活，这种迁徙活动被称为“易地扶贫”。

---

① 贵州省民族研究所，贵州省民族研究学会，苏太恒序. 2000. 贵州民族调查（之卷十一）. 麻山调查专辑.

② 刘燕华，李秀彬. 脆弱生态环境与可持续发展［M］. 北京：商务印书馆，2001.

③ 熊康宁，等. 喀斯特石漠化的遥感——GIS 典型研究——以贵州省为例［M］. 北京：地质出版社，2002.

④ 唐合亮. 黔南布依族苗族自治州生态环境状况调查. 贵州省民族研究所，贵州省民族研究学会. 贵州民族调查（之卷十八）. 2000 年.

图 2.0 麻山石漠化现状(杨成摄)

## 第一节 贵州石漠化现状

贵州地处长江和珠江两大水系的分水岭地区,是世界上喀斯特面积分布最大和喀斯特地貌发育种类最齐全的地区,喀斯特面积占土地总面积的73%,由于位于云贵高原向东部低山丘陵的过渡地带,地势垂直分异明显,山高坡陡,地表崎岖破碎,①因为这样的聚落的形成和发展具有喀斯特地域的特征和空间特点,所以使得聚落分布受到自然环境的影响很大。贵州省的石漠化主要表现为喀斯特石漠化。喀斯特石漠化是在喀斯特地貌脆弱的生态环境下,人们的不合理的社会经济活动所造成的人地矛盾突出,植被破坏,土壤侵蚀,岩石裸露,土地生产力衰退以致丧失,地表在视觉上呈现出类似于荒漠景观的演变过程。② 喀斯特石漠化是喀斯

① 高贵龙, 邓自民, 熊康宁. 喀斯特的呼唤与希望[M]. 贵阳: 贵州科学技术出版社, 2003.

② Yuan Daoxian. Rock Desertification in the Subtr opicalKarst of South China. In:Webmaster. Copyrights by Karst Dynamics Labo ratory and Network Center of Guangxi Normal University, 1995—1999.

特地区所特有的土地退化现象，与严重的土壤侵蚀一起共同塑造了喀斯特地区极度脆弱的生态环境。石漠化是地貌、地质、土壤、植被、降水等自然因素和不合理的人类活动综合作用的产物。造成石漠化的因素虽然多种多样，但石漠化主要是由于长期的人工乱砍滥伐所造成的。① 喀斯特石漠化代表了世界上一种比较独特的荒漠化类型，即湿润区石质荒漠化，形成了独特的区域生态系统。

**图 2.1.1 喀斯特石漠化（杨成摄）**

喀斯特地貌主要有 4 个典型类型：（图 2.1.2）（1）峰丛洼地类型，主要分布在云南、贵州、广西等省，石山山体巨大，山势险峻，石峰峰丛海拔可达 1000m 以上，比高可达 600m，是生态治理难度最大、生态环境最脆弱、人类生存条件最恶劣的地区。（2）峰林谷地类型，主要分布在贵州、广西盆地的周围。（3）峰林平原类型，峰林较为低矮，比高一般在 50 ~ 100m，主要分布在岩溶平原，如桂中的大部分地区，是旱涝灾害发生最为频繁的地区。（4）残丘陵型，即岩溶丘陵类型。②喀斯特地区基岩的大范围裸露主要受碳酸盐岩石风化成土方式、土壤丢失和岩溶发育阶段的

① 蓝安军，熊康宁，安裕伦．喀斯特石漠化的驱动因子分析——以贵州省为例．水土保持通报，2001 年 12 月，第 21 卷，第 6 期，第 19 - 23 页．

② 曾馥平．西南喀斯特脆弱生态系统退化原因与生态重建途径，农业现代研究，2008 年 11 月，第 29 卷第 6 期，第 672 - 675 页．

控制，石漠化的形成有其深刻的自然背景。喀斯特地区成土的速率非常慢，若考虑到地表的自然剥蚀率，成土速率会更低，土壤允许侵蚀量远远小于非喀斯特地区，实际上碳酸盐岩石山荒漠化区域表层土粒处于负增长状态。① 除此之外，在地下水以垂直作用方式为主的地区会出现“土壤丢失”现象。喀斯特地区的“土壤丢失”与通常意义上的水土流失现象并不相同，不需要远距离的物理冲刷就能从地表消失，导致溶蚀残余物质或地表原有的风化壳转入到近地表岩溶裂隙中，从根本上制约了地表残余物质的长时间积累和连续风化壳的持续发展。② 这样就常常导致基岩的大范围裸露，形成典型的石林地貌，在我国已发现的此类表层喀斯特地貌，主要分布在北纬25°~26°的热带、亚热带地区，其在国外也有分布。喀斯特生态系统受控于地貌水文过程。山盆期地面保存较好的喀斯特地区，在地下水埋深、运动方向、流速、水力坡降等方面与乌江期地貌发育典型的喀斯特地区有着巨大差异。乌江期地貌进一步发育的地区，就会不利于森林的生长，③说明喀斯特生态系统结构很大一部分是受喀斯特表层水文结构的影响，非喀斯特石漠化地区一经封山便可恢复森林生长。喀斯特洼地是地表凹下的负地形，且多呈现封闭的状态，地表汇流或河川通过洼地漏斗径流，将石灰岩风化的黏性土冲入伏流中，导致了洼地石芽溶沟遍生的石漠化景观出现，形成洼地石漠化区。同时，在坡度较大的地表（极端情况如悬崖峭壁），水土难以保持，尽管不受人为干扰，往往形成连片的基岩裸露。我国明代地理旅行家徐霞客（1586—1641）对一些裸露的喀斯特坡体也进行过描述。④

石漠化灾害的概念最早于20世纪80年代初期提出。⑤ 袁道先（1995—1999年）采用石漠化（Rock desertification）概念，杨汉奎采用喀斯特荒漠化（Karst deserti-

① 白占国，万国江. 贵州碳酸盐区域的侵蚀速率及环境效应研究，土壤侵蚀与水土保持学报，1998年，第4卷，第3期，第1-7页.

② 李德文，崔之久，刘更年. 岩溶风化壳形成演化及其循环意义. 中国岩溶，2001年，第20卷，第1期，第183-188页.

③ 姚智，张朴，刘爱明. 喀斯特区域地貌与原始森林关系的讨论——以贵州荔波茂兰，望谟麻山为例. 贵州地质，2002年，第19卷，第2期，第99-102页.

④ 李阳兵，王世杰，容丽. 关于喀斯特石漠和石漠化概念的讨论，中国沙漠，第24卷，第6期，第689-695页.

⑤ Williams P W. Environmental change and human impact on karst ter2rains : An introduction. Catena , 1993, (Suppl. 25) :1-19. 袁道先. 袁道先院士1981年在美国科技促进年会（AAAS）上的学术报告. 1981.

图 2.1.2 喀斯特石漠化景观特征(杨成摄)

fication)概念,[①]用来表征植被、土壤覆盖的喀斯特地区转变为岩石裸露喀斯特景观的过程,并指出石漠化是中国南方亚热带喀斯特地区严峻的生态问题,导致了喀斯特风化残积层土迅速贫瘠化,是我国四大地质生态灾难中最难整治、最难摆脱贫困的地区。目前关于石漠化的定义可归纳为:①石漠化是一种退化土地或土地退化现象;[②]②石漠化是一种土地退化过程, 所形成的土地称为石漠化土地。[③] ③在亚热带岩溶石山地区脆弱的生态环境条件下,土层严重流失而引起基岩逐步裸露的生态退化和地表呈现荒漠化景观的过程。[④] ④在热带、亚热带湿润半湿润气候条件和岩溶极其发育的自然背景下,受人为活动干扰,使地表植被遭受破坏,导致土

① 杨汉奎. 喀斯特荒漠化是一种地质生态灾难. 海洋地质与第四纪地质, 1995 年, 第 15 卷, 第 3 期, 第 137 – 147 页.

② 周政贤, 毛志忠, 喻理飞. 贵州石漠化退化土地及植被恢复模式. 贵州科学, 第 2002 卷,第 20 卷, 第 1 期,第 1 – 6 页. 张殿发,王世杰,周德全. 贵州喀斯特地区土地石漠化的内动力作用机制, 水土保持通报, 2001 年, 第 21 卷, 第 4 期, 第 1 – 5 页.

③ 屠玉林. 贵州土地石漠化现状及成因分析. 李箐. 石灰岩地区开发治理. 贵阳: 贵州人民出版社, 1996 年. 第 58 – 70 页. 王世杰. 喀斯特石漠化概念演绎及其科学内涵的探讨. 中国岩溶, 2002 年, 第 21 卷, 第 2 期, 第 101 – 105 页.

④ 王德炉, 朱守谦, 黄宝龙. 石漠化的概念及其内涵. 南京林业大学学报: 自然科学版, 2004 年, 第 11 卷, 第 6 期, 第 87 – 90 页.

壤严重流失、基岩大面积裸露或砾石堆积的土地退化现象，是岩溶地区土地退化的极端形式。[①] 上述定义尽管认识到土地退化是石漠化的本质,但由于注重对石漠化地表形态和景观变化的描述,忽视了石漠化的生态退化过程,即土地系统功能的退化。首先石漠化过程与石漠景观没有必然联系,在西南亚热带季风气候条件下,只要人为干扰不超出一定范围,自然条件下不可能形成大范围的类荒漠景观;而且自然形成的裸岩景观,如冰川刨蚀形成的裸岩地和人为活动如陡坡开垦造成表土冲刷致基岩裸露的石质坡地成因明显不同,后者才能称之为石漠化[②]。不同土地利用类型的石漠化表现形式有所不同,并非所有的石漠化过程均使土地出现类似荒漠的景观。因此,忽视由石漠化引起的喀斯特生态系统生态过程的变化,是难以刻画不同石漠化类型的共同本质的。[③]

**图 2.1.3 石漠化导致的荒漠化景观(杨成摄)**

喀斯特石漠化是指在岩溶地区喀斯特强烈发育的自然环境下,受人类活动的

① 李育才. 关于我国西南部地区石漠化治理情况的调查报告. 中国绿色时报, 2001 年 6 月.

② 熊康宁, 黎平, 周忠发等. 喀斯特石漠化的遥感——GIS 典型研究——以贵州省为例[M]. 北京: 地质出版社, 2002.

③ 李阳兵, 王世杰, 容丽. 关于喀斯特石漠和石漠化概念的讨论, 中国沙漠, 第 24 卷, 第 6 期, 第 689 – 695 页.

干扰破坏以及自然灾害的影响，造成土壤严重侵蚀，基岩大面积裸露，生产力严重下降的退化现象，以土地石漠化为核心的土地退化构成喀斯特地区环境退化的主要形式。喀斯特石漠化是土地荒漠化的主要类型，以脆弱的生态地质环境为基础，以强烈的人类活动为驱动力，以土地生产力退化为本质，以出现类似荒漠景观为标志。喀斯特地区由于其特殊的岩溶地质构造，带来了一系列的环境问题，如水源漏失、旱涝交迭、土壤薄瘠、石漠化、地面塌陷、滑坡、矿坑突水突泥、岩溶渗漏，地裂等环境灾害，构成类似于沙漠边缘的脆弱环境带。喀斯特地貌都有不同程度的发育；地表土层很薄，土壤基质的颗粒极小；基岩的垂直裂缝很多，地下均不同程度的发育成溶洞和伏流 ，地表中又有地漏斗与这些溶洞和伏流相通。但喀斯特独特的地质地貌背景和气候条件决定了其是抵抗外界干扰能力低、自身稳定性差的脆弱生态系统。

**图 2.1.4　大面积裸露的岩体（杨成摄）**

在外界干扰下，原有生态系统平衡极易失去，系统的结构和功能发生变化并形成障碍，造成破坏性波动或恶性循环从而导致系统的退化。在未经人类扰动以前，地表的溶蚀盆地土层较厚，植被茂密，山坡地段的石灰岩缝中也能长出高大的乔木，裸露的石岩上均能长出苔藓。个别地段中还能储集天然降水，形成小型的湿地。这些地段处于原生状况时，它同样是具有活力并可以自我修复的稳定生态系统,在人类加以扰动之前,它可以稳定延续数千年也不会出现重大的波动。因而就其纯粹的自然属性而言,它肯定是地球生命体系中一种具有自身特性的生态系统,并不存在脆弱与否的问题。①

图 2.1.5 植被保存完好的喀斯特石山(杨成摄)

贵州喀斯特山区坡耕地( >5°)面积占旱耕地总面积的 87.5%,其流失量约占流失总量的 90%。由于人口的增长,对耕地的需求量不断的增大,再加上财力、物力的限制,水土保持工作又跟不上需要,许多的坡耕地都是在无水土保持措施下耕种。根据调查,在 15°~20°的石灰土坡耕地上进行玉米顺坡种植的土壤侵蚀模数可高达 5852~7726t/($km^2$·a),新生沟壑密度达 0.32~1.60 km/$km^2$,沟壑面积率达 12.80%~20.00%,②水土流失量达中度和强度级别。在贵州喀斯特石山表面通常附着一层非碳酸盐风化物或碳酸盐岩石侵蚀的残留物质(统称碳酸盐岩石的上覆土层),厚度多在 50cm 以内,按上述侵蚀速率推算,新开垦的喀斯特坡地(厚度多在 40cm),在连续耕种 40a 后,土层将变成 10~17cm。这时本应撂荒不再

① 游俊,田红.论地方性知识在脆弱生态系统维护中的价值——以石灰岩山区“石漠化”生态救治为例,2007 年 3 月,第 28 卷第 2 期,第 85-90 页.

② Yang Zhong, Zhang Xinbao . Rehabilitat ion of Deg ra ded Lands in Mo untain Ecosy st ems o f t he Hindu Kush Ximalayan Reg io n. Pr o ceeds of an Internat ional wo rkshop hold in Ba oshan, China. ICLMOD, Kathman - da, Nepal, 1995.

耕种，但一般农民则会采取分段分块移土垫厚的办法，即将一段分成 2 块，将一块（1/2或1/3）地的土移到另一块上，继续耕种。这样被垫垦的耕地面上水土会继续流失，而四周还要遭受到地表径流的冲刷，更加重了水土流失量，一般再种 10a 左右便会全部石化。在调查中发现，贵州省北盘江花江峡谷区，20 世纪 50 年代到 60 年代初开垦的坡地，大部分出现强度和中度石化，有的已完全丧失生产力。① 地形崎岖、经济落后、地区封闭、交通与通信不便等客观因素与大多数社会成员脱贫致富愿望的矛盾，致使人们通过自觉或不自觉地过分开采与掠夺土地资源来维持不断增长的人口和生活水平需要，从而使喀斯特山区的生态系统遭到严重破坏，导致生态破坏与贫困恶性循环，最终使居住条件越来越差，耕地更加分散、贫瘠。② 因此，喀斯特石漠化是喀斯特脆弱生态系统与人类不合理的活动相互作用而造成的岩石裸露的土地退化过程，是一种与脆弱的生态地质背景和人类活动相关联的土地退化现象，而已经石漠化了的土地又会以生物地球化学循环、生态水文循环等形式反作用于石漠化发展的过程中，继续加速石漠化的进程。③ 这一“自然”与“人为”的叠加反促作用，将会导致环境的进一步恶化、石漠化程度加重。在贵州省特殊的区域地质背景下，生态建设的成就与高度的贫困化落后的社会经济发展水平交织在一起，导致石漠化正向演变与逆向演变并存；他们一边植树造林、一边又过度采伐，一边退耕还林、一边又毁林开垦，一边退耕还草、一边又过度放牧，一边石

**图 2.1.6　在荒山放牧的山羊（杨成摄）**

---

① 何腾兵. 贵州喀斯特山区水土流失状况及生态农业建设途径探讨，水土保持学报，第 14 卷，第 5 期，第 28 - 34 页.

② 李阳兵，王世杰，容丽. 关于喀斯特石漠和石漠化概念的讨论，第 24 卷，第 6 期，第 689 - 695 页.

③ 何薇薇. 贵州生态旅游与生态环境保护研究，理论与当代，2007 年，第 7 期，第 13 - 15 页.

漠化治理、一边又继续破坏的现象依然存在。①

## 第二节 麻山地区石漠化特征

麻山地区处于望谟、罗甸、长顺、惠水、紫云和平塘 6 个县的结合部，面积 5000km²，人口有 48 万人，其中苗族、布依族和汉族人口分别有 23 万人、18 万人和 7 万人，是一个以苗族和布依族为主的少数民族聚居区。该区岩溶面积占 71%，为峰丛岩溶，地势陡峭，土层瘠薄，分布零星，坡耕地面积大，生态系统极为脆弱。近十多年来，人口增长过快，石漠化严重，人均农业自然资源的数量和生态质量不断下降，已成为极贫困地区（人均年收入低于 200 元），是贵州省人地关系最为紧张的地区。②麻山地区位于喀斯特岩溶地貌发育的中期，其具体特征为地下伏流和溶洞纵横交错，而且通过无数的垂直裂缝与地表相通，这些垂直的通道明显暴露于地表时，即为地质学上所称的地漏斗。在每个洼地最低处都有地漏斗与地下溶洞相通，洼地水土资源下泻流失主要通过这样的地漏斗。洼地周围的环形石山不仅陡峭，而且布满了刀砍状垂直裂纹，结合非常不牢靠的基岩与表土在淋蚀作用下，表土充分溶胀后会在基岩和表土之间形成一个摩擦力极小的滑动层，在重力的作用下，表土很容易大面积下滑，这就是当地

**图 2.2.1 石缝中生长的绿色植物（杨成摄）**

---

① http://www1.www.gov.cn/ztzl/fszs/content_650610.htm.

② 陈慧琳. 贵州麻山地区居民的资源环境意识模糊综合评价，地理科学，第 18 卷，第 4 期，第 384－386 页.

灾害性滑坡频繁发生的根本性成因。

麻山地区在中国的西南部，并非此地区唯一的石漠化灾变区，类似的灾变还涉及贵州、云南、湖南、广西四省的广大区域，潜在的石漠化地带累计面积接近17万 $km^2$，①严重的石漠化地带除贵州省麻山外，还有广西的都安、巴马、隆林等地。因此若能在麻山地区探索出救治石漠化灾变的可行方案，不仅麻山地区受惠无穷，而且对上述省区的人民生活和经济可持续发展也将做出难以估量的贡献。对世界上类似地区的生态维护，也能提供有价值的借鉴和参考。

麻山地区地表覆盖着100～300m不等的中生代石灰岩，云贵古陆形成后，又经历过多次的地震和岩浆入侵，致使原先水平分布的石灰岩层满布垂直裂缝，地表也随之而变得崎岖嵯峨。其后在新生代的漫长岁月中，由于这一地区常年温暖多雨，对石灰岩的溶蚀作用十分强烈，流水沿着石灰岩垂直裂缝向下溶蚀，逐步形成了地下伏流溶洞网，成了地表水土流失的通道和储存场所。加之石灰岩的成土速度十分缓慢，风化1cm厚的石灰岩才能形成0.2mm厚的土层，且需要上百年的时间②。更由于石灰岩形成的土壤粒度极细，稍经重力和流水作用就会快速移位。因此这样的地区成土艰难，流失极易，在自然状况下，必须经过数百万年的积累才能发育出茂密的森林来。一旦地表植被遭到破坏，强降雨造成的淋蚀作用和重力侵蚀作用的叠加，会将来之不易的表土通过垂直裂缝下泻到地下溶洞，致使地表基岩和砾石裸露，这就酿成了石漠化灾变。这是一种不可逆的严重灾变，足以导致数百年间地表寸草不生，长期呈现为荒漠景观。历史上的麻山地区并非如此，这里曾是众多民族的理想家园。13世纪以前，这里是中央王朝和南诏大理地方政权控制的边缘地带，外界对这里了解不多，未留下系统记载。但《桂海虞衡志》和《岭外代答》等书曾多次提及彝族地方势力穿越麻山地区，将大批马匹贩运到宜山卖给南宋作为军马。③ 这表明当时的麻山可供大批马匹牧放。13世纪以后，随着元朝统一中

① 谢家雍．西南石漠化与生态重建[M]．贵阳：贵州民族出版社，2001．

② 刘燕华，李秀彬．脆弱生态环境与可持续发展[M]．北京：商务印书馆，2001．

③ [宋]周去非原著，屠友祥校注．《岭外代答·宜州兼广西兵马都监》，《岭外代答·西南夷》，上海：上海远东出版社，1996．

国，麻山地区各地方势力相继被元廷封为各级土司。[①] 这些土司都需要向元廷缴纳贡赋，并组织士兵应朝廷征召参战，也表明这一地区具备一定的经济实力，土地石漠化状况并不严重。明清两代，沿袭元代旧制，在麻山地区设置土司管理地方事务。[②] 由于当时政府施行激励农桑的政策，到清代时这里一度成为南方重要的麻产地。“麻山”也正因此而得名。直到清末，由于政治腐败，地方势力脱控，酿成了常年的军阀混战。征战各方经常火焚森林，务使对方无藏身之地。从此，开始了麻山地区人为破坏植被的祸端，麻山地区大规模的生态恶化由此而起。

贵州省石漠化的发生发展，从表面看，是人地关系逐步恶化的结果，即人口增长→植被砍伐、垦荒→坡耕地开垦→水土流失、环境破坏→石漠化形成，但从更深层次来说，贵州省石漠化问题还同历代中央王朝对该区域战略定位有关。明代以前的贵州省系羁縻之地，听任地方自行管辖和发展；明清两代，中央王朝不断加强贵州省的开发力度，改土归流以巩固边疆；民国作为战时的后方，发展一度蓬勃兴盛；建国后，以粮为纲，大炼钢铁等运动使大面积森林遭到砍伐，坡地被开垦，水土流失愈发严重。而改革开放后，国家鉴于资源与生产力要素分布的地域不均衡性，实施非均衡发展战略，使贵州省等西部省份成为资源与能源的输出地，在经济的不断发展过程中，不断落后，同东部发达地区的差距不断拉大。可见，历代中央政府对贵州省发展宏观战略的制定和实施，直接影响了该区社会经济的发展，并间接影响了该区的生态环境。政策对于贵州省的发展，远比资源等因素重要。因此，石漠化的治理，必须靠国家发展战略和相关财税政策的大力支撑。[③]

## 第三节　麻山石漠化地区五大生态脆弱环节

由于高度发育的喀斯特山区，特别是那些处于温暖潮湿地带的喀斯特山区，植

---

① 《元史》卷六十三，志第十五，地理六. 北京：中华书局，1976，1983.

② 《明史》卷四十六，志第二十二，地理七. 北京：中华书局，1974，1984.

③ 程安云，王世杰，李阳兵，白晓永，倪雪波. 贵州省喀斯特石漠化历史演变过程研究及其意义，水土保持通报，第30卷，第2期，第15－23页.

被遭到破坏后容易导致土地石漠化，因而近年来学术界不少人将喀斯特高度发育的山区生态系统列入脆弱生态系统范畴。这些学者认为，一种生态系统如果兼具过度性、敏感性、易损性、遭到破坏后，不具备自我恢复能力，以及抗逆性差等属性者，一概视为脆弱生态系统。应当看到，这样的理解虽然在前人研究的基础上大大前进了一步，但仍然十分含混，难以界定呈现脆弱性的真正根源。从生态系统的整体观出发，我们认为，地球上确实存在着脆弱生态系统，但脆弱生态系统的脆弱性并不是一个模糊不清的直觉判断，而应当有其经得起验证的具体内涵。换句话说，一切类型的脆弱生态系统，并非其一要构成要素都脆弱，仅仅是该系统的某些环节，甚至是个别环节对人类的活动缺乏抗逆能力。这样的环节受到人类活动的冲击时，才会使得该生态系统表现出脆弱性来。因而，我们主张无论是对待什么样的生态系统，光指出该生态系统具有脆弱性远远不够，还必须具有认定该生态系统到底是什么环节具有脆弱性。为此，我们与其泛泛地谈论生态系统的脆弱性，倒不如具体揭示相关生态系统到底是哪个环节具有脆弱性。以本文研究的主体为例，麻山地区的生态系统就不是一切环节都脆弱。举例说，麻山的土壤十分肥沃；麻山地区的降水十分丰沛；麻山的阳光充足，积温很高，夏无酷暑，冬无严寒；可以支持亚热带到中温带的多种植物和动物生息繁衍；可以形成茂密的常绿阔叶林，针叶、落叶混交林，也可以形成丰美的高山草坡；还可以形成小片的湿地生态群落。这一切构成要素，没有一项可以称得上是具有脆弱性。因此，泛泛地谈麻山的生态系统具有脆弱性，于事无补。

经过我们多年的观察和分析，并借鉴了前人的众多研究成果，我们提出了脆弱环节这一概念。其基本含义是，在整个生态系统中，通常会有某些环节对外力的冲击缺乏抗逆能力，一旦外力的扰动超过其临界点，就会导致整个生态系统的改性。这样结构单元，就属于该生态系统的脆弱环节。以麻山喀斯特生态系统为例，其脆弱环节就包括如下五个生态结构单元。

麻山地区处于喀斯特岩溶地貌发育的中期，其具体特征为地下伏流和溶洞纵横交错，而且通过无数的垂直裂缝与地表相通。这些垂直的通道明显暴露于地表时，就是地质学家所称的地漏斗。地表则布满了大大小小的溶蚀洼地，洼地间有陡

图 2.3.1 麻山完好的生态群落(杨成摄)

峭的环形石山相隔。在每个洼地最低处都有地漏斗与地下溶洞相通。① 这样的地漏斗成了该洼地水土资源下泻流失的主要通道。在自然状况下,由于地漏斗开口很小,很容易被下泻的石块和树干杂物堵塞,从而在洼地底部形成大小不等的溶蚀湖和浅水沼泽。② 溶蚀湖一旦形成,水土资源就会富聚于洼地底部,恶性的水土流失就会得到有效地控制。相反地,如果人为地凿通地漏斗,那么不管如何控制,恶性水土流失都是在所难免的。这是当地自然生态结构中的第一个脆弱环节。

洼地周围的环形石山不仅陡峭,而且布满了刀砍状垂直裂纹,基岩与表土的结合极不牢靠。在淋蚀作用下,表土充分溶胀后会在基岩和表土之间形成一个摩擦力极小的滑动层,受重力的驱使,表土很容易大面积下滑。这是当地灾害性滑坡频繁发生的本底特征。在自然状况下,有限的土层中长出的乔木会将其根系深深扎进岩缝之中,因而能有效地抑制大面积滑坡。如果人为砍伐高大乔木,并导致根系枯死,那么在强降雨情况下,光是表土的自重就会发生大面积滑坡。这是当地陡坡

① 罗浩, 陈敬堂, 钟国平. 丹霞地貌与岩溶地貌旅游景观之比较研究, 热带地理, 2006 年 2 月, 第 26 卷, 第 1 期, 第 12 – 17 页.

② 袁道先. 中国岩溶学[M]. 北京:地质出版社, 1994:9 – 129.

图 2.3.2 石山山壁(杨成摄)

地段土层很难加厚的客观原因,因此陡坡地段高大乔木的存否就成了水土保持的关键环节。这是当地生态系统的第二个脆弱环节。

由于洼地间有陡峭的环形石山阻隔,各洼地都是一个相对封闭的生态系统,生物物种间的传播受到了一定的阻碍,特别是植物和水生动植物的传播更其困难。如果一个洼地发生石漠化灾变,其后果将具有双重性。从有利的一面看,它不会波及其他洼地;从不利的一面看,植物种子和一些动物很难进入受灾洼地,致使受灾洼地会长期呈现石漠化景观,无法顺利恢复。这是该地区生态系统的第三个脆弱环节。值得一提的是,人类的活动在对付这一脆弱环节时有特殊意义。因为人类活动会有意识地将不同的植物种子和动物物种带入石漠化的洼地,克服了地理环境的阻碍,因而能大大加快已石漠化土地的生态恢复。

石灰质基岩在成陆的过程中,都会经历一个浅海阶段。浅海阶段富积起来的表层土石堆积,在成陆后,自然成了石灰岩表层土壤的基本来源。这样的成土过程具有不可逆性。成陆后这层来之不易的土壤一旦流失,就很难从基岩的风化中获得补充。石灰质基岩的溶蚀作用虽然剧烈,但成土量极低,很难弥补因水土流失而造成的损失。在喀斯特山区,原生土壤一旦流失后,要重新形成新的土层,在自然状况下将要耗费数万年的漫长岁月。这乃是喀斯特山区一旦出现石漠化,将会长期延续荒漠景观的原因所在。土壤机质易流失,难补充,是喀斯特山区生态系统的第四个脆弱环节。为了应对这一脆弱环节,在类似地区必须惜土如金,维护土壤资源就等于维护了当地的生态安全。当然也需要探寻加快石灰岩成土速度的方法,才能有效救治石漠化灾变。

石灰岩在成陆后,必然经历多次的地质运动,致使石灰岩除了原有的水平层理结构外,还会产生不计其数的纵向裂纹,溶蚀作用沿着纵向和横向向下延伸的结果,会在石灰岩层内部形成众多深浅宽窄不一的溶蚀坑、洞。[①] 在水土运行过程中,这些溶蚀坑洞会被泥土填塞,造成了石灰岩地区除了表土外,还会呈现出岩石包土、土中夹石的复杂结构。这样的土石结构当然不能用常规的办法耕作。这不仅是因为常规的农具无法翻耕夹在岩石中的土壤,更重要的在于,耕作中不可避免的机械冲击会松动这种复杂的土石结构,甚至打通连接地下溶洞的通道,使残存的土壤泻入地下溶洞,造成更严重的水土流失。土石结构不能承受机械冲击,这是当地生态系统的第五个脆弱环节。

需要郑重澄清的事实在于,麻山地区生态系统的上述五个脆弱环节,不是属于自然范畴的概念,而是属于社会范畴的概念。原因在于,在人类社会产生以前的纯自然状况下,麻山地区的生态系统始终具有应对外界环境波动的抗逆能力,也有抗拒机遇机率性发生的自然灾害的能力。当地生态系统在自然状况下,也会遭受灾害的袭击,但这样的袭击不具有毁灭性和致命性。当地的自然生态系统完全具有自我恢复的能力,因而脆弱性无从谈起。举例说,处于洼地的溶蚀湖,也会因为地震或其他自然原因凿通地漏斗,导致溶蚀湖的消失。但这样的消失,仅具有局部性,不会造成所有溶蚀湖都消失,而且,同样会由于自然力的作用重新被堵塞,重新形成溶蚀湖。既然如此,自然状况下,因地漏斗凿通而导致的生态系统不可复改性,也就不存在了,地漏斗凿通这一脆弱环节也就失去了意义。再如,自然状况下,也会因雷击而造成森林火灾,将某一片峰丛洼地的森林生态系统焚毁,但只要乔木的根系仍然活着,土壤中还残留着种子或地下茎,火焚之后,森林生态系统照样可以自我恢复,植被彻底消失,并保持相当长时间的状况,自然不会出现。山势陡峭而造成的大面积滑坡也就不可能出现。这样一来,山势陡峭,表土与基岩粘附不牢固也就不再成为脆弱环节了。至于环形洼地具有封闭,在自然状况下,也只能相对性。它只能制约植被重新恢复的时间,但最终还是可以自然恢复的。因而,洼地之间呈现的封闭性,同样不是一个脆弱环节。[②] 更值得注意的是,石包土,土夹石的

---

① 王尚彦,况顺达,戴传固,王明章,刘家仁. 白云岩和石灰岩山区石漠化速度差异原因分析,贵州地质,2009 年 26 卷,第 1 期(总第 98 期),第 49 – 51 页.

② 田红,彭大庆. 本土生态知识的发掘与生态脆弱环节,原生态民族文化学刊,2009 年,第 1 卷,第 2 期,第 104 – 108 页.

复杂结构，在自然状况下更不是一个脆弱环节。因为这样的结构，仅是人类使用的工具难以耕作而已。在自然状况下，并不会妨害高大乔木的生长，更不会妨害动物的生息繁衍。由此而造成的利用障碍仅是对人类社会有制约作用，对自然界而言，根本不构成制约因素。综上所述，本书所启用的脆弱环节这一概念，是一个严格意义的社会范畴概念，它是从人类社会本身出发做出的评估和判断，理解和利用这些概念，必须置于人类社会之中，绝对不允许延伸到对自然生态系统的描述中。

文化人类告诉我们，人类社会是按文化规约起来的个人集合。特定生态系统的脆弱环节，既然是社会范畴的概念，那么这些概念也就必然具有文化属性。换句话说，某种生态系统是否呈现出脆弱性，呈现出什么样的脆弱性，以及在什么样的脆弱环节表现出脆弱性，都必然随文化差异为转移。泛化的社会范畴脆弱环节，同样没有实际意义。举例说，对麻山地区的生态系统而言，如果是用于放牧牲畜，那么不管你如何过度，最先不可持续的是放牧本身，而不是冲击上述五大脆弱环节当中的某一个。同样的道理，如果在这样的生态系统中从事狩猎和采集，上述五个脆弱环节同样不会表现出来。事实上，在漫长的历史岁月中，麻山地区早就有人类生息繁衍，仅仅因为他们从事的是狩猎－采集生计方式，因而麻山地区的生态系统从来不表现出脆弱性。再如，清雍正改土归流前，麻山地区的主体居民是麻山亚支系的苗族。① 该亚支系的苗族长期靠游耕和狩猎－采集为生，也兼营畜牧业。由于峰丛洼地的环形石山的山脊地带土层很薄，泥土都夹在石缝中，在自然状况下，这样的地带只能发育出疏树灌丛草坡来，砍伐并焚毁这样的灌丛草坡，靠刀耕火种种植旱地作物，投工少，收益大。苗族人乐于在这样的地段实施刀耕火种。他们的这种耕作方式同样不会冲击上述五大脆弱环节，反而会加速石灰岩的成土速度，对当地生态系统而言有益而无害。这乃是改土归流之际，麻山地区各族居民并不贫困，所处生态系统十分良好的社会原因，也是苗族的文化原因。因此，分析某种生态系统的脆弱环节时，不仅要正视它是一个社会范畴的概念，还必须清醒地意识到这个概念具有明确的文化归属。并非一切民族、一切人类社会的活动都会导致这些脆弱环节的断裂，并由此而酿成生态改性的悲剧。

---

① 石建中.〈百描图〉与苗族的历史和文化，中央民族大学学报，1997 年，第 1 期，第 48－53 页.

上述五大脆弱环节受到冲击，完全是因为误用了平原地区汉族农耕模式而导致的后果。[①] 因而，这五大脆弱环节的存在，以及这五大脆弱环节的断裂，仅属于汉族农耕方式在这一地区的误用，决不属于苗族或布依族文化正常运行的产物。同样的道理，若正确引进汉文化的资源利用方式，比如在麻山地区种桑养蚕，同样不会导致这五个脆弱环节的暴露。以此为例，在使用脆弱环节这一概念时，必须清醒地意识到，它仅不适应当地生态系统的资源利用方式的误用，不属于理智引进外来文化要素的范畴。因而，导致脆弱环节的断裂，酿成生态改性，同样不能认定是引进汉文化要素的罪过，汉文化在这个问题上，并无过错，过错仅属于那些不了解麻山生态系统的本底特征，机械照搬汉族成熟农耕技术的那些人。否则的话，我们将违背文化人类学的基本原则——文化相对主义的要求。

特定生态系统的脆弱环节受到冲击，既然不会来自于自然界，那么它只能来自于人类社会。人类的社会活动之所以会给特定生态系统的脆弱环节构成冲击，乃是人类社会行为的秉赋所使然。人类的社会力与自然力的原则区别正在于，靠文化集合起来的人类群体，会按照同一行为模式去持续，按同一利用方式去对待自然资源。这就使得这样的社会行为，具有可积累性和可持续性。随着相关人们群体的自然增长，这种可持续性和可积累还必然会具有不断放大的趋势。这正是个人力量微不足道，而文化集合起来的社会合力，却具有无限扩张的本能。以至于这种社会合力在文化的趋动下，持续作用于特定生态系统的某一环节时，其积累性和可放大性，就会一贯到底地发挥作用，这才会对特定生态系统的某一环节构成冲击。

以麻山地区生态系统的上述五个脆弱环节为例，排干溶蚀湖建构农田，就不再是一次偶然的举措，而是一种可以不断积累、不断扩张的持续过程。等到所有的溶蚀湖都排干时，数万年积累起来的湖床淤泥，或早或迟都会全部通过地漏斗泻入地下溶洞，脆弱环节的脆弱性也才会体现出来。[②] 因而，单讲某些人的偶然行为，偶然的利己动机冲击了脆弱环节，同样没有实质意义。只有在文化的可积累、可持

① 吴正彪. 避开喀斯特生态脆弱环节，建构环境友好型社会经济发展模式的思考，贵州民族研究，2006 年第 5 期，(第 26 卷总第 111 期)，第 44 –48 页.

② 蒋忠诚，李先琨，曾馥平，邱泗杰，邓艳，罗为群，覃小群，谢运球，蓝芙宁. 岩溶峰丛山地脆弱生态系统重建技术研究，地球学报，2009. 4，第 30 卷，第 2 期，第 155 –166 页.

续、可放大的范畴内，去理解脆弱环节，才能抓住脆弱环节的文化实质，也才能揭示麻山地区石漠化的真相。以这一理解为出发点，我们才有可能正确地解释，为何社会合力会对自然生态系统构成冲击因素，也才可以进而揭示麻山地区土地石漠化的社会文化成因，而不至于混淆自然与社会力量的差异，误将自然作用差认为是土地石漠化的关键原因。

引入脆弱环节这一概念，不仅仅是为了满足麻山地区土地石漠化灾变成因的探讨，更重要的还在于，引入这一概念后可以使文化人类学中长期争论不休的文化适应概念获得符合文化逻辑的解释，正确评估文化对所处生态系统的适应能力，也才能找到具有可操作性的评估指标。从斯图尔德开始，文化人类学家致力于澄清文化适应这一概念的内涵。然而这是一项艰巨的理论建设任务，需要克服的关键困难在于，人类社会与生物界显然具有质的区别，两者之间的共性特征在哪里，若不获得符合逻辑的说明，文化人类学引入适应概念就落不到实处，只能停留于模糊的感性领悟，无法做出量化的说明。因而，斯图尔德的后继者，不管是托马斯·哈定、塞维斯，还是萨林斯，都只能就文化适应的某一侧面特征做出说明，无法明确地判断文化适应的具体内涵，更不能将不同文化对所处生态系统的适应能力作定量横向比较，并做出适应程度高低的评估。内亭的研究工作，虽然注意到了文化的适应还具有社会方面，并对斯图尔德的适应概念做出了重要的补充，但如何评估文化适应能力的高低，依然是一个空白。引入脆弱环节这一概念后，情况就大不一样了。既然脆弱环节是立足于特定文化对所处的生态系统而言，那么在相关文化的正常运行中，只要能避开脆弱环节，或者能对脆弱环节的冲击加以有效的节制，那么可以认定为相关文化适应于所处的生态系统。而规避脆弱环节所达到的水平，自然可以作为评估该种文化适应能力高低的客观依据。这里单就麻山地区的五大脆弱环节为例，就能很好地揭示脆弱环节与文化适应能力评估之间的客观指标作用。

麻山地区生态系统的五大脆弱环节，集中表现为不允许对地表土壤实施强度翻动，也不允许对溶蚀湖排干。① 以此为依据，我们就不难确认凡是一种民族文化，在其正常的运行中，不管它依据什么样的生计方式维持社会的存在，只要这样的生计方式，不是以凿通地漏斗，排干溶蚀湖为前提，或者以损害陡坡段的丛林为代价去获得生存，换句话说，只要这样的生计方式不会对上述五个脆弱环节构成持续性的积累式冲击，都可以认定相关文化对所处的生态系统获得了极高的适应能力。

应当看到，规避生态系统的脆弱环节，并不会妨害相关民族的正常生活。相关民族文化可供选择的适应方式可以作多样化的选择，具有无限广阔的调适空间。因此，狩猎－采集类型的文化，游牧类型的文化，由于不需要动土就可以获得生活的资料，因而都不会冲击这些脆弱环节。这两个类型的文化，对麻山地区的生态系统而言，都具有极高的适应能力。对游耕文化而言，情况则稍为复杂些，如果游耕的耕作区段，仅实施于峰丛洼地山脊地带的疏树灌丛草地，由于也不需要动土就可以完成耕作，因而也不会冲击到麻山地区生态系统的脆弱环节。如果是依托于天然溶蚀湖水域，实施泽生式游耕，同样不会冲击当地生态系统的脆弱环节。但如果是在陡坡林带上实施刀耕火种，情况则不然，这样实施的刀耕火种虽然不需要直接翻土，但却会导致陡坡地段的表土大面积暴露，会给重力和流水侵蚀创造可趁之机，因而在间接上冲击了当地生态系统的脆弱环节。执行这种生计方式的文化，在这一地区显然不具备适应能力。对农业生产而言，也是如此。鉴于五大脆弱环节的客观存在，在麻山地区无法建构大面积连片的农田。建构农田，必然意味着松动土石，频繁翻动表土。为了在短期内获得理想的可耕地，还会竭泽而渔地排干溶蚀湖。这样的操作都会直接冲击到当地生态系统的脆弱环节。以这样的生计方式为基础建构起来的任何形式的农业类型民族文化，在这里都不具备适应能力。但这决不意味着，在麻山地区不能建构农业类型的文化。

事实上，在麻山的陡坡地段，种植木本粮食作物和各种经济林木，都不意味着必须频繁翻动土地。这样的农业生计方式，在当地同样可以获得很高的适应能力。

---

① 田红，彭大庆. 本土生态知识的发掘与生态脆弱环节，原生态民族文化学刊，2009 年，第 1 卷，第 2 期，第 104－108 页.

举例说，营建桑树林，建构蚕桑生计就不会冲击当地生态系统的脆弱环节，这样的农耕文化同样可以获得极高的适应能力。贵州屏平县隆里乡附近的喀斯特山区，当地侗族在早年是利用这样地段培育油茶林，靠生产茶油维持生计。以至于在当地被誉为油壶之乡。这样去利用喀斯特山区的农耕生计，就具有很高的适应能力。再如贵州省望谟县的油迈乡，当地也是典型的喀斯特山区，而当地瑶族居民是种植芭蕉树，以芭蕉为主食，种植山苍籽树，提炼山苍籽油换取收入。这样的生计方式，同样不会冲击喀斯特山区的生态系统的脆弱环节。因为这些操作都不需要频繁翻动土地，而是种一年，连续获利多年，只需要管护，无需翻耕，因而能很好地避开喀斯特生态系统的脆弱环节。以此为例，在喀斯特山区，不是不能建构农耕文化，而仅是不能建构需要频繁翻动土地的农耕文化，也就是以草木农作物为主种作物的农耕文化。只要能规避脆弱环节，麻山地区的生态系统同样可以建构高度发达的农耕文化，而且可以获得极高的适应能力。

综上所述，麻山地区的生态系统有其独特性。独特之处在于，限制了我们习见的草本农作物的农耕生计的建构。麻山地区目前的石漠化灾变，正是强制推行草本农作物农耕生计方式长期积累后酿成的苦果。其直接导因在于，这样的农耕生计必然要冲击当地生态系统的脆弱环节。如果能够改变资源利用方式，规避当地生态系统的脆弱环节，不管是哪种类型的民族文化，都可以获得极高的适应能力。麻山地区的社会经济发展，同样可以海阔天空，前途无量。因此，探析麻山地区石漠化灾变的成因，显然得立足于麻山的具体社会历史过程，才能得出正确的结论。

# 第三章　麻山地区民族的文化与历史

## 第一节　麻山地区社会文化历史变迁

麻山地区位于贵州省黔南布依族苗族自治州的惠水县、长顺县、罗甸县、安顺地区的紫云苗族布依族自治县和黔西南布依族苗族自治州的望谟县等五县交界接壤处。按照清代关于麻山山脉的传说，其地貌是“头饮红河水①，身卧和宏州②，尾落大塘地③”。麻山是因为居住在这里的苗族早在明代以前迁来时就带来了大量的苎麻种籽，并经过长期的耕耘培育，把这片石山区变成了盛产苎麻、构皮麻的山区，并因此而得名。麻山地区现有总面积2730.81$km^2$，20个乡镇，29万余人。

麻山地区的苗族在支系分类上属黔中南支系麻山亚支系和川黔滇亚支系。麻山亚支系苗族通用苗语川黔滇方言麻山次方言，该次方言内部可以划分为四个土语群。中部土语群分布于紫云苗族布依族自治县东部和罗甸县西部交界一带，使用人数约为16万人；北部土语分布于长顺县南部、罗甸县西北部和惠水县南部之间，使用人数约为7万人；西部土语分布于紫云自治县南部和罗甸县西部之间，使用人数为3万多人；南部土语分布于紫云自治县东南面，望谟县东面及东北面和罗甸县的西南面之间，使用人数有2万多人。

川黔滇次方言苗族主要居住在罗甸县的纳坪乡、罗苏乡和逢亭镇，望谟县的郊

---

① 位于今望谟县一带.

② 今紫云县宗地乡和罗甸县木引乡一带.

③ 今平塘县大塘镇和新塘乡一带.

纳乡里故和乐旺镇的交娥、交稿、里偿一带，紫云苗族布依族自治县的猫营乡和黄土乡等地，使用人数5万余人。

麻山地区的苗族为当地最早的土著居民，在汉文典籍中，有关当地苗族的最早记载，见于《元史》。① 元初时权臣斡罗思通过壮族和布依族土司控制了桑州。② 以桑州为基地诏谕散居在麻山地区的苗族，《元史》中将这部分苗族通称为"桑州生苗"。麻山一带早年只有苗族而没有其他民族，这从该地区的地名中便可以得到旁证。当地苗族分布区内的地名全部出自苗语的音译或意译，其中有不少地名的读音还可以追述到早期苗语的读音方式。如罗甸县的木引乡政府所在地，当地人称为"马场"。"马场"现在苗语叫 Jif meif，而现在苗语中的"马"亦称为"meil"。③ 而该乡的布依族分布区内也有不少地名明显来源于苗族地名，如上、下丛里目前虽为布依族的主要聚居村寨，但这两个村寨的布依族语音分别为 xung zguamc 和 zungzjeeuz，地名中的 zungz 在布依族语中无对应词，但在苗语中却可以找到相应发音的词语，当地的布依族一再证实，布依语中无法解释 xungz 这一词语，足见这两个村寨中的布依语地名是从苗语音译而来，这两个村的早期居民应为苗族无疑。

从居住环境看，这里事实上为麻山高度发育的喀斯特地貌部分，境内除平地为窄长谷地外，长年稳定的地表径流极为鲜少，这样的生态背景对惯于滨水而居的布依族是不相适应的，更是汉族居民难于定居的季节性干旱地带。据此可知，苗族在当地定居肯定早于布依族和汉族。此外，麻山苗族丧礼中的开路辞现还能反映出当地苗族的先辈是从西向东穿过麻山腹地定居的。至今麻山境内的各地苗胞仍保持着频繁的姻亲关系和同宗关系。也就是说在13世纪的汉文典籍中首次提到他们之前，麻山地区的苗族就早已在这一地带定居不知多少年了。

13世纪末的汉文典籍，首次提到该亚支系的苗族与当时全国政局变动和当时贵州各族势力冲突有关联。13世纪以前，统治中国南方的赵宋王朝沿袭早年的羁縻制度要求整个大西南各民族内部势力头人向中央王朝称臣纳贡。麻山亚支系苗

---

① 《元史》是系统记载元朝兴亡过程的一部纪传体断代史，成书于明朝初年．由宋濂（1310—1381），王濂（1321—1373）主编．

② 今望谟县桑郎．

③ 麻山次方言苗语有变调现象．

族远离交通干线和经济发达区，内部又未形成强大的地方势力，无力参与朝贡。宋代时，汉文典籍中从未提到他们是一件十分自然的事情。13 世纪中期，蒙古汗国率先攻占大理经云南，从而实现了对南宋王朝的弧形包围，经过近半个世纪对峙，蒙古汗国的后继者元朝于13 世纪末灭掉了南宋。南宋灭亡后，贵州境内的各族势力并未顺利地归附元朝，而是与元廷展开了一场31 年的拉锯战。在这场拉锯战中，盘据黔中的汉遗民宋氏集团与彝族亦奚不薛和乌撒集团联盟与元对抗。为了钳制这两股反叛势力的作乱，元廷采用了分而治之的手段，与土家族思州田氏土司结好，大力笼络播州杨氏土司，同时对黔南一带的下级布依族土司极力利诱拉拢，从而构成元廷原直属部队从北部可以借助播州杨氏开路；从东面则以思州土司为内应，溯流沅江各支流深入贵州腹地；南路则借助壮族与布依族土司溯盘江及其支流深入到黔中腹地对上述两大反叛势力构成了包围之势。这个包围圈的南路所穿越的地带，有的段落与麻山亚支系分布区擦边而过，该亚支系苗族正是在这一背景下引起了元廷的注意。元廷设置桑州和斡罗思遭遇该亚支系两件大事均与上述各族势力对立直接相关。

该亚支系苗族虽接受元廷诏谕，但并未被元廷直接纳入统治对象。元时的麻山地区一直是各级土司辖地包围中的一片“生界”。[①] 当时的本亚支系苗族均被视为各族土司的领地，其东南有布依族“八番”[②]各土司领地，北面和东北面有苗族金筑土司领地，西面是布依族和宏土司领地和彝族募役土司领地，南面则为泗城壮族土司领地。上述各土司均与麻山亚支系的苗族发生过直接或间接的关系，但在当时没有一个土司能够彻底地统治过麻山全境，当时的麻山腹地究竟处于什么样的情况，不仅元廷不知其祥，周围各土司所知亦十分有限。

14 世纪中叶，统一中国的明朝，为了集中力量巩固其统治，一度放松了对贵州的经营，致使作为“生界”的麻山几乎是原样又延续了三十多年。14 世纪末，明廷

---

① “生界”指的即不归周边地域内土司间接管理，而当时的中央王朝又无力统治的边远山区人类群体.

② 唐末五代时期，今黔南，黔东南一带部分地区隶属于楚国，因两江溪洞（今惠水一带）蛮夷反叛，楚王马殷于公于920 年授龙德寿为怀远大将军（佩虎符），率邕管，柳州的张，石，程，韦，方，洪，卢七姓兵平叛至惠水，后留守涟江坝（今惠水城南）一带，与当地番民杂居. 据顾祖禹《读史方与记要》记载：”八番：龙番，程番，韦番，方番，洪番，金石番，罗番，卢番也。”

发动了大规模的远征云南战役，明军从东到西横贯贵州地区，并在鸡公岭①与彝族地方势力发生了激战。在这场阻挠明军过境的战斗中，金筑土司扮演了一个十分独特的角色，金筑土司不仅不参与同明军的对抗，反而倾其所有向明军提供了运输的马匹，协助明军征服了云南，因而受了明廷的重奖，并从长官司升格为安抚司，尔后明廷于永乐十一年（1414 年）正式设置了贵州省，当时镇守贵州的主将镇远侯顾诚是永乐皇帝的心腹，顾诚为了增强明军的战斗力，长期倚重金筑安抚司提供士兵参战，并曾一度报请明廷同意让金筑士兵参与正规军一道训练。此事虽被当时的兵部驳回，但从中可以看见当时明廷与金筑土司的特殊关系。值得一提的是，永乐年间在征服安南的战役中，金筑士兵曾直接参战，当时的金筑安抚司在返程中病故于路上。上述各节在《明实录》中均有记载。明廷得以系统地了解麻山亚支系的情况，当时全依赖金筑安抚司中转信息。以致明廷长期以来把麻山亚支系苗族视为金筑安抚司诏谕的编外“生苗”。但这是一种误解，因为金筑安抚司从未控制过麻山全境。明代典籍中归属于金筑名下麻山亚支系苗族仅仅是该亚支系苗族中操东北土语的那部分居民。

明代还有另一个土司与麻山亚支系苗族发生过密切关系，那就是隶属于普定卫（今安顺）的和宏长官司，后该长官司改称“康佐”。该土司长官为布依族，由于辖地与麻山亚支系苗族分布区毗连，因而曾经为明廷诏谕过麻山亚支系苗族，这乃是在明代文献中将操中部土语该亚支系苗族称为“康佐苗”的历史原因。明代的贵州方志明确记载“康佐苗”习俗与“东苗”②相近。并特意强调“康佐苗”实行岩洞葬。

明代文献中还提到“龙家”这一称谓，当时所称的“龙家”，指代的是一个复杂的族群，其中既包括汉遗民，也包括布依族、仡佬族和苗族，这部分居民由于在 14 世纪左右曾经被普安陇氏彝族势力所征服，成为其部民。日后取代陇氏势力的水西彝族安氏（水西即元代所称的亦奚不薛），将这部分居民收编后作为其制下的下层居民，因而统一称为“龙家”。“龙家”中的“狗耳龙家”即指被彝族陇氏势力征服的麻山亚支系苗族。明代早期，这部分麻山亚支系苗族由宁谷长官司、洛河长官司

---

① 今贵州关岭县.

② “东苗”即是对当时惠水亚支系苗族的通称.

代管。上述历史过程散见于《明实录》、《明史》和(弘治)《贵州图经新志》中。需要注意的是,明代早期和明代中期麻山亚支系苗族分布南境一直是由泗城土司代管,而按照广西方面族名使用惯例,是将苗族也混称为“瑶”,因而当时广西的地方文献中有关本亚支系苗族的记载往往是混在有关瑶族的记载中。

明嘉靖年间,随着中央王朝对金筑、康佐、八番等土司控制力量的加强,这些土司所遭遇的麻山亚支系苗族才开始被当时的汉族文人所注意到。(嘉靖)《贵州通志》是通过康佐土司接触本亚支系苗族操中部土语的居民,因而在该书中本亚支系苗族被冠以“康佐苗”这一名称。而《炎缴纪闻》的作者田汝成则是通过金筑土司接触本亚支系苗族操北部土语的苗族居民,这乃是该书将本亚支系苗族置于金筑土司下加以报道的缘由。田汝成的这篇报道可以视为有关该亚支系苗族文化概况的系统概述,为此,很有必要照录该书原文,并略加分析如下:

“其在金筑(司)者,有克孟、牯羊二种。择悬崖凿窍而居,不设裀笫,构竹梯上下。高者百仞。耕不车免犁,钱镈发土,耰而不耘。男女丽笙而偶,(生子)免乳而归其聘财。亲死不哭,笑舞浩唱,谓之‘闹尸’。明年,闻杜鹃声,则比屋号泣曰:‘鸟犹岁至,亲不复矣。’”①

文中所说的“克孟、牯羊”系当时金筑司下属的基层建制名称。当时称为“克孟支”和“牯羊支”。“支”的建制规模约为今天的一个乡。“克孟支”位于今紫云县板当、克卜、克混一带。“牯羊支”位于今长顺县中南部。值得注意的是,“克孟”一词出自该亚支系苗族的自称。“牯羊”是当地苗语中“山谷”一词的反切音译。“克孟牯羊”一名在苗语中的含意是“山谷中的苗族”或“深山中的苗族”。从这一称谓方式看,这个称呼显然出自金筑安抚司的转译。但田汝成将“克孟、牯羊”视为两种苗族,是他会错了意而导致的误解。从此以后“克孟牯羊”这个名称一直延用到清代中期,成为汉文典籍中对该亚支系苗族的专称之一。

在上述的记载中,如下一些记载需作解释今天的读者才能把握。“择悬崖凿窍而居”,这是对该亚支系苗族长期延袭崖居习俗的最早记载。时至今日,该亚支系苗族尚有部分居民栖息于山洞,至于麻山地区在古代曾居住过的山洞其遗迹尚可

① 田汝成.《炎缴纪闻》卷四,《丛书集成初编》,第56页.

调查座实。在当地苗语中,对供活人居住的山崖称为“红崖”,供死者停放的山崖称为“白崖”。“不设裀笫”的意思是说当时的麻山亚支系苗族睡觉之处没有床铺设施,也不用被褥,借草而眠。“耕不车免犁,(以)钱镈发土”,意思是说当时的麻山亚支系苗族还没有使用牛耕,而是使用一种类似于古代汉族使用耒耜的农具耕种土地,田汝成将这种工具称为“钱镈”,是因为这种工具下部翻土的部分形制与古代钱币相似,而在当地苗语中的称呼意译出来则称为“翻锹”。时至今日,当地汉语仍把这种工具称为“翻锹”。“耰而不耘”此句涉及当地苗族特有的耕作方式,按文直译,此句的含义是“中耕时仅拔掉多余的弱苗实施间苗而不用锄翻土中耕”。上述三句是对该支系苗族普遍实行刀耕火种的生动写照。目前这一耕作办法在麻山地区苗族中尚有存余,被称为“砍小米”,意为砍掉地表的灌木丛待其晒干后焚烧,火灭灰冷后立即撒小米种。目前,在刀耕火种地种植小米仍是木引地区苗族一项重要的粮食来源。田汝成原文中未提到“火焚”一节,可能是田汝成未亲自见过这一耕作的关键环节而导致的漏记。

“男女丽笙而偶”,此处所言是对当地苗族“跳月”择偶的简略介绍。明代时本亚支系苗族也和其他地区的苗族一样通过“跳月”选择配偶。此处所说的“丽笙”是指按照芦笙的节拍跳舞。“偶”是指自由择配结为夫妇。值得注意的是,今天的麻山亚支系苗族大部分已不再吹奏芦笙和“跳月”了,这是清雍正“改土归流”后,代管该亚支系苗族的布依族土司严令禁止的结果。① 但“跳月”之习在该亚支系苗族分布地的北部由于未受布依族土司代管,至今尚部分地延续这一风俗。“(生子)免乳而归其聘材”,“生子”二字田汝成原书脱漏,以致全句的含意不晓。这句话的原意是说男女双方结为夫妇的当时并不举行婚礼,而是要等到头胎儿女出生并断奶后夫妻二人才抱着子女前往女方家交付聘礼,同时举行隆重的婚礼。这一古代苗族共有的婚俗最早的记载见于(宋代)朱铺的《溪蛮丛笑》一书,该书将这一婚俗称为“出面”婚礼。凭借田汝成这一记载我们知道,直到明代后期该亚支系苗族中还延袭这一古风。当前,麻山亚支系苗族同样由于受布依族土司干预的结果,

---

① 余宏模. 试论清代雍正时期贵州的改土归流,贵州民族研究(季刊),1997 年第 2 期,总第 70 期,第 26 – 34 页.

改用父母作主，但男女双方对婚事极度不满时还可援引古例私自缔结姻缘，这样的姻缘同样受到社会的认可。当代麻山的苗族中还可找到这样结为家庭的实例。

麻山亚支系苗族的丧礼，其特有之处在于亲人过世当时要举行盛大的送行仪式，但不祭奠，直到来年初春才将当年过世的亲人举行一次大合祭。田汝成原书中未提到当地苗族实行悬棺葬和崖洞葬，这也许是由于该亚支系苗族的崖洞葬葬址早年不允许外族人参观，田汝成无由知其详而记载脱漏。

明嘉靖以后，麻山周围地区的各族势力发生了激剧的变化，原先周围各土司世袭领地相互牵制均衡的格局随着大明王朝的衰微而被打破。[①] 其中，最有代表性的事实是金筑安抚司的控制力日趋衰落，最后被迫于明历四十年自愿申请改土归流，将其领地设置于广顺州。至此，原金筑安抚司控制下的麻山亚支系苗族变成了中央王朝直接统治的居民。与此同时，泗城土司的控制势力迅速膨胀，土司家族内部的承袭之争引发了一连串的械斗，而大明王朝又无力弹压，致使纷争中失利的一方逃窜到了八番各土司和康佐司境内，打破了麻山周围地区众多小土司并存、相互牵制的均衡格局。随之而来的是北上的布依族散兵游勇引发了一连串的权力之争，并多次威胁到大明王朝在这一地区的统治。由于麻山周围各土司相互制衡，任何一方无力单独控制麻山全境而保留下来的“生界”。从此时起，麻山逐步变成了布依族散兵游勇横行的角逐场，麻山亚支系苗族身受布依族文化的影响正发生在这一政治背景下。另一个引人注目的族际关系变动发生在明万历年间，明政府倾注全力发动的平播之役虽顺利地铲除了杨应龙土司势力，顺利地实现了对播州的“改土归流”，但派生的政治后果却超出了大明王朝的意料。其中，对麻山地区而言，最引人注目的后果是：原播州杨氏控制下的苗族川黔滇支系居民在这场政治风波中，成批地逃入了麻山地区定居，与原有的麻山亚支系苗族各立村寨，毗邻杂居，从而造成了麻山地区多个苗族支系并存的局面。此外，还有不少播州土司控制的汉族居民逃入麻山地区。这批最早以民间遗民方式定居麻山的汉族，形成了以后所称的“高山汉”，并奠定了日后这批汉族居民与苗族联盟抗衡于布依族势力的族

---

① 吴展渊. 明代贵州基层社会变迁与改土归流——兼论民族沟通机制的建立及意义，黔南民族师范学院学报，2009 年第 5 期，第 61 – 66 页.

际关系格局。至此,麻山长期封闭的"生界"局面被打破,并因此而卷入了以后的各种政治风波,为日后全部被中央王朝接管作了准备。

明末清初,西南地区政治风波迭起,其主要的政治、军事冲突有如下一些:奢安之乱、孙可望继权、南明王朝流窜贵州、孙可望与李定国混战、清廷收复西南、吴三桂武装"土改归流"、清廷平息三藩之乱、清廷削减土司势力等。[①] 在这一连串的政治风波中,麻山地区的苗族因受周围土司的裹协而卷入朝廷与地方势力的纷争之中。在上述政治风波平息后,麻山地区开始重归于平静。但这里已不是原有的"生界"了,已经变成了周围各布依族土司私下瓜分宰割的角逐场。其后的汉文典籍中,对麻山亚支系苗族的称谓错综复杂,混用、冒用称谓的现象一直延续到了清代后期,称谓的混用和冒用乃是麻山地区各族关系错综复杂的折射反映。

清廷初步稳定在贵州的统治后,为了医治战争的创伤,也为了削弱潜在的反清势力,开始从经济、军事和政治三个方面作了全面的整顿。[②] 在经济方面,先是稳定了税赋份额,原则上保持明代的税赋征收框架,只不过将明代的卫所贡赋改由行政部门征收,对少数民族仍然实行低税赋甚至免税赋的管理办法,对未"改土归流"的土司则保持原有税赋不变。与此同时,大力引进中原生产技术,凭借行政力量向民族聚居区推广,执行这一经济措施最得力的代表是杨雍建。在他任职期间,在麻山地区推广种麻,使麻山地区逐步形成了一个具有较高商品率的产麻基地,"麻山"一名从此才正式形成。同时又在麻山亚支系苗族的南部土语区和相邻的布依族地区大力推广种棉,形成商品率较高的棉花生产基地,花山也因此而得名。在推广棉麻种植的同时,玉米、红苕、烟草、西红柿等外来作物也在麻山和花山地区得到推广种植,从而改变了麻山地区长期依赖小米和燕麦为生的农业生产格局,使玉米成为当地的主粮。[③]

---

① 翁家烈. 明清时期贵州封建土地所有制的转化与发展, 1994 - 2010 China Academic Electronic Publishing House . All Rights Reserved http://www. cnki. net. 第 1 - 7 页.

② 余宏模. 试论清代雍正时期贵州的改土归流, 贵州民族研究(季刊), 1997 年第 2 期, 总第 70 期, 第 26 - 34 页.

③ 杨庭硕. 论外来物种引入之生态后果与初衷的背离——以"改土归流"后贵州麻山地区生态退变史为例, 云南师范大学学报(哲学社会科学版), 2010 年 1 月, 第 42 卷第 1 期, 第 37 - 42 页.

图 3.1.1　玉米种植(杨成摄)

在政治方面,清初,强制执行撤卫所并州县的措施,对麻山亚支系苗族而言,最大的变动在于直接统辖麻山支系苗族的康佐土司并入镇宁州,该州在当时除统辖原安庄卫辖境外,还并入了很多苗族聚居的村寨。该州一度成为黔中辖地最广的州。这一变动,导致了康佐司对麻山亚支系苗族与布依族的政治走向迥别的局面。同时,广顺、定番两州也作了重大的调整,同样使得这两地对麻山腹地的控制力削弱,布依族南部支系实力在麻山腹地得到了加强,该亚支系苗族较多地接受布依族影响也正因这一政治背景而产生。

在军事方面,清初废止了征调土司,土兵参战的惯例。将全省的军权统一管理,从而削减了土司间械斗蔓延的隐患。这也为布依族南部支系势力在麻山腹地潜滋暗长铺平了道路。

在上述背景下,汉文典籍对麻山亚支系苗族的记载也随之发生相应的变化。清初的汉文典籍中分别将麻山亚支系苗族称为"狗耳龙家"、"克孟牯羊",同时,很少提到"康佐苗"这一名称。对"克孟牯羊"的记载,一般是机械摘录田汝成原文,无视该亚支系苗族的文化现象已经发生了重大变化。至于"狗耳龙家"项类的记载,有的取自明代典籍对"龙家"的记载,有的则取自明代典籍中对"康佐苗"的记载,兹全文转录田文《黔书》对"狗耳龙家"的记载并略加分析如下:

“龙家其种有四，在康佐、会(曾)竹者为狗耳龙家。衣尚白，好依深林荐莽之间，男子束发而不冠，善石工。妇人辫发螺结，上指若狗耳之状，衣斑衣，以五色药珠为饰，贫则以薏苡代之。春时，立木于野，谓之‘鬼竿’。男妇旋跃而择对。既奔，则女氏之党以牛马赎之，方通媒灼。(人)死。以杵击臼，和歌哭，舁之幽岩，秘而无识。以七月七日祭其先茔”。①

上述记载中，将汉族的内容与麻山亚支系苗族的内容混为一谈。通过对前代文献的梳理并辅以当代田野调查的资料佐证，如下四项内容当属汉遗民的习俗内容，应以剔出：①本亚支系苗族在曾竹一带并无定居(曾竹今属平坝县)，该地的汉族遗民前代文献一律称作“曾竹龙家”，他们与麻山亚支系苗族无关。又，该书将“曾”误写作“会”，应以校正。②说“狗耳龙家”穿白色衣裤，与前代记载相悖，也与今天的田野调查相悖，这一内容也是指曾受彝族土司统辖过的汉遗民集团。③称“狗耳龙家”善石工，也不是指本亚支系苗族，而是指汉遗民的传统技艺。④有关“七月七日”祭先祖的记载也是汉遗民的传统习俗，即汉族的“中原节”。《黔书》这一误记导源于该书作者将前所称的“狗耳龙家”和“曾竹龙家”混为一谈，上文已经交待过明清两代所称的“龙家”是一个族群，而不是一个单一民族，“曾竹龙家”和“狗耳龙家”分属不同的民族，不得混为一谈。征引这一资料介绍清初的麻山亚支系苗族时，必须将上述四项内容排除在外。

“狗耳龙家”一名是因妇女头饰而取的他称，此类头饰为早期苗、瑶两族共有的发型。麻山亚支系苗族与广西境内的瑶族交往较多，因而这一习俗能延续到清初。《黔书》此条资料取材于麻山亚支系苗族中操西部土语的居民，其分布中心在今紫云县的四大寨一带。

“好依深林荐莽之间”这一记载可以视为对麻山亚支系苗族生存生态背景的完整记载。这一记载与今天麻山亚支系苗族分布区大面积石漠化现象迥然不同。由此可知，本亚支系苗族的传统文化对这一脆弱生态区的维护一直发生着良好的作用。当前的生态恶化是与其后麻山政治、经济变动和其他民族文化要素介入有关。关于这一问题，在另外的文章中均有详尽的说明。

---

① 引自《黔南丛书》第二集第三册，《黔书》(上卷)第23页.

“男子束发而不冠”，黔中地区的汉遗民长期延袭古代汉族戴冠的习俗。清初，强硬推行满族装束，但因黔中的这部分汉遗民沿用前代的称谓将他们称为“曾竹龙家”，并被清廷当少数民族对待，因而不在强迫改装的范围，从而使这部分汉遗民男子的头饰与被称为“狗耳龙家”的苗族男子装束形成鲜明的对照。“束发”是指整个头部的头发不作任何修剪，任其自然生长，仅用布铂将所有的头发捆成椎结，这是清初本亚支系苗族的标志性发型。“不冠”是指不戴头巾。

“妇女辫发螺结，上指若狗耳之状”。这里记载的是本亚支系苗族的传统发式。所谓“螺结”是指发结下端大、上端尖，外形酷似田螺壳。“衣斑衣”，此处的“斑”字是音译兼意译，“斑”字的汉语读音与苗语的“花朵”一词读音相近，而汉字的“斑”含意为“五彩斑斓”的纹饰。整句是说当时麻山亚支系苗族服饰五彩斑斓。“以五色药珠为饰，贫则以薏苡代之。”此处所说的“五色药珠”也可称为“料珠”，是一种陶瓷或玻璃材料制作的装饰品，此类装饰品可以用不同的金属氧化物彩绘后烧制出不同的颜色，这些供彩绘用的金属氧化物在当时被称为“药”，因而被称为“药珠”或“料珠”。此类装饰品往往用作衣裙的缀饰。“薏苡”即药用薏仁米的籽实，其外壳十分坚硬，且外表晶莹光洁，故当地苗族用之为装饰品。

“春时，立木于野，谓之‘鬼竿’。男女旋跃而择对。”此处是对麻山亚支系苗族传统“跳月”习俗的记载，所载内容与苗族其他支系或亚支系所载内容相同。值得注意的是，在明代典籍中虽间接提到本亚支系苗族“丽笙而偶”，但一直未见进一步地说明。《黔书》的这一记载，恰好弥补了前代方志的缺漏。“既奔，则女氏之党以牛马赎之，方通媒妁。”此段记载揭示了麻山亚支系苗族婚姻习俗的一项重大演化，上文依据田汝成的记载证实麻山亚支系苗族早年实行苗族“（人）死，以杵击臼，和歌哭。”此处的记载表面上与田汝成所记有别，而实质上无异。原因在于本亚支系苗族在亲人亡故的当时，传统的“出面”婚礼。此处所称的“既奔”意指未婚女子径直往意中人的男方家庭结为夫妇，即沿袭传统“出面”婚礼的作法，但由于受到汉文化的冲击，女方家庭的观念发生了改变，认为不及早举行婚礼，要遭到社会舆论的轻视，因而宁愿出牛马将女儿赎回以便按汉族礼仪举办婚礼，以换回脸面。下文所说的“方通媒妁”即指按汉族习俗操办婚礼。《黔书》的这一记载为我们提供了一个生动的实例，揭示了其演化过程中新旧习俗并存的例证。

并不举行庄重的祭祀，而是为死者的灵魂制办行装，将死者的灵魂送到祖宗灵魂的所在地去。文中所说的“以杵击臼”含意在于为死者的灵魂冲制供路上食用的米粑，在举行这一仪式时，亲人要以歌代言，嘱咐死者的灵魂要径直前往祖宗灵魂的所在地。由于是“以歌代言”，故田汝成写作“笑舞浩唱”，更由于举行这一仪式时，亲人不免悲戚饮泣，故田文此处写作“和歌哭”。两书所记内容一致，仅作者的观察角度不同而已，记载的差异仅是一种表面现象。《黔书》此句开头脱漏一个“人”字，应以补足。“舁之幽岩，秘而无识”，此处记载全面地介绍了麻山亚支系苗族实行岩洞葬和悬棺葬的传统葬式。这一内容为前代所脱漏，田文的这一记载正好填补了这方面的空缺。

出于国内政治、军事形势的需要，并为了缓解政府财政开支压力，清雍正王朝掀起了一场“改土归流”的狂潮。[①] 掀起这一政治浪潮实际是因由西南地区的各族土司嚣张不法，但以后的政治军事活动却不一定指向不法土司，而是另有所图。其中，在黔东南地区原先并无土司，开僻新疆六厅后，反而变相设置了一些新土司，对麻山周边地区而言，真正违法的土司并不存在，军事行动的打击目标是散在民间的布依族散兵游勇和潜入苗区的汉族商贩，这些情况都与“改土归流”发动时的宣言不尽相符，但这一政治运动对麻山的影响却至为深远，有必要作全方位的揭示。雍正“大改流”的时间起于“长寨事件”，这次清廷使用重兵围剿的仅是当地布依族游勇。[②]当时，金竹司早已“改流”为广顺州，这一地区的土司制度并不存在。至于八番各土司虽然存在，但这些布依族长官司既未与清廷抗衡，也没有重利盘剥属下各民族，而且在“改土归流”后也没有全部将这些土司罢免，因而“长寨事件”虽为“改土归流”的开端，但与在其他地方的“改土归流”其性质有别。

其后的“改土归流”并存移向了西南的其他地区，主攻对象转移到了滇东北和黔西北，其后又将主攻点转到了黔东南，直到“改土归流”后期进行大范围的行政建制调整时才涉及了麻山一带，但这一重大变动对麻山的影响不容忽视，故有必要全面介绍在这一政治行动中麻山周边所发生的重大变动。麻山的腹心地段在“改

---

① ② 余宏模. 试论清代雍正时期贵州的改土归流，贵州民族研究（季刊），1997 年第 2 期，总第 70 期，第 26－34 期.

土归流”前沿袭清代撤卫并州县后的既成事实，一直归镇宁州统领。“改土归流”后，则将这一腹心地段从镇宁州划出，新置归化厅，统领麻山。为了使归化厅[①]能专力统领布依族和麻山地区苗族，还将原属广顺州的板当一带划归归化州统领，但麻山地区的南部仍沿袭前代由新设的永丰代辖，至于麻山的东部地区则继续由八番各土司统领，差异仅在于将原广顺州南境和延续八番的大华、木华等三个长官司设置为“长寨厅”，使“长寨厅”成为治理麻山东部的重要行政建制。麻山南部，其行政变动最大，原先这一地带均为广西泗城府的辖地，雍正大改流后将北盘江以北的广西领地全部划归贵州，从而完成了对泗城地区的布依族和壮族的分而治之，同时拨入贵州的还有原广西兴隆州的领地。清廷在这新划入的领地内设置了永丰州，其下统领册亨、罗斛两个州同。乾隆十五年后又将罗斛州判改隶定番州。通过上述行政分治和归并，使原广西泗城等土司对麻山南部地区的控制力得到有效的削减。至此以后，麻山全境均归贵州省统辖，这对彻底改变该地区半封闭“生界”的局面起到了良好的作用，对结束麻山地区多头角逐的混乱局面也有一定的帮助，但这一切与彻底“改土归流”的主旨并不完全吻合。

在雍正大改流的过程中，麻山亚支系苗族对这一政治事件的反映也耐人寻味。麻山周围地区的各民族不管是汉族还是布依族，也不管是上层的各级土司还是一般的群众，对这次声势浩大的政治变故几乎无一例外地处于被动地接受的处境。而麻山腹地的苗族居民则完全相反，就在“长寨事件”发生后不久，麻山苗族各宗族头人即会商结成联盟，一致归顺清廷，并派出一个代表团到清军大营请求归附。这一请求立即得到了清廷的欢迎，不仅接受了麻山苗族的归顺，还特许他们自报任纳租赋的份额。至此，麻山腹地才初次按当时的基层行政建制编入里甲，正式纳入国家管理的行政机构，实施直接统治，使整个麻山腹地全部归入新设置的归化通判。麻山亚支系苗族的这一不同寻常的举措，是有其特定的社会历史原因的。从明代后期起，广西泗城土司方面的布依族势力从南面直接深入麻山腹地。由于这里当时属于“生界”，朝廷无法直接插手其间，而当时麻山亚支系苗族尚处于各宗族割占山头的涣散状态，无法结成强大的军事力量与布依族的散兵游勇相抗衡，又

① 今紫云县.

无法求得中央朝廷的庇护，只能求周围其他各土司干预。麻山成为周边各土司的角逐场，对当地的苗族来说真是受害无穷，雍正大改流中他们请求归附正是出于摆脱这种困境的必然选择。

雍正大改流后，麻山腹地的封闭状况被打破，外界才得以了解麻山内部情况。① 这种情况在汉文典籍中也逐步得到了反映。最先从麻山亚支系苗族的角度改写前人著述的报道出自道光年间成书的《贵阳府志》。该书对麻山亚支系苗族的记载不再沿用前代的称谓，而是将“克孟牯羊苗”改称“山苗”。“山苗”乃“克孟牯羊苗”的汉语意译。由此足见《贵阳府志》的编者对麻山亚支系苗族已有了较深的了解。此外，该书还增补了有关麻山亚支系苗族的资料，比如对该支系定居的行政区划有了更明确的记载。

另一本全面介绍麻山亚支系苗族的书籍是清末成书的《安顺府志》，该书逐一列举了麻山腹地各村寨的名称，其详细程度与《朱批谕旨》所载归顺清廷的苗寨相符。该书还着意详细记载了麻山亚支系苗族实行悬棺葬和岩洞葬的习俗，并因此给亚支系苗族取了一个专门的他称，叫“炕骨苗”。这一记载大大丰富了前代对“康佐苗”、“狗耳龙家”相关内容的记载。该书还首次提到麻山亚支系苗族在兴办丧礼时杀马献祭的习俗。也因此还赋予该亚支系苗族“砍马苗”这一他称。最后，该书还将该亚支系苗族称作“老苗”。这一名称的出现绝非偶然。明万历年间平播之役后遵义地区的川黔滇支系苗族与麻山亚支系苗族逃避到麻山地区定居。② 这批新定居的苗族与麻山亚支系苗族相比，定居时间较迟，理所当然地将他们称作“新苗”。相对应地将麻山亚支系苗族称作麻山地区的“老苗”。《安顺府志》正式起用“老苗”这一名称足见该书作者对麻山地区苗族支系的构成有了较为准确的把握。

至于新定居的川黔滇支系苗族，陈浩的《八十二种苗图并说》中有了专条记载，称为“葫芦苗”。该条指出，这部分苗族分布于惠水与罗甸之间，其提供的方位正好位于今天的罗甸、望谟和紫云三县交界一带。

---

① 韩昭庆．雍正王朝在贵州的开发对贵州石漠化的影响，复旦学报(社会科学版)，2006 年第 2 期，第 120 – 140 页．

② 翁家烈．明代贵州民族关系述略，贵州民族研究，2004 年第 3 期(第 24 卷总第 99 期)，第 147 – 155 页．

纵观清代对麻山亚支系苗族的记载，以下三个特点值得注意：其一是对麻山亚支系苗族的称谓极为错综复杂，从上文所引的《安顺府志》即可反映出这一点，这种状况是麻山地区开辟未久外界对麻山亚支系苗族了解欠深的一个必然现象。其二是对这里苗族的记载往往混入了不少布依族的文化内容。对这种现象，可以从两个方面去理解，一方面，麻山未开辟之前，来自广西方面的布依族散兵游勇早就混迹其间，当地苗族与布依族杂居既久，不了解内情的汉族文人很难加以正确区分；另一方面，在上述背景下，当地苗族也深受布依族文化的重大影响，汉族文人自然很容易注意到这一点，并留下了相应的记录。其三是对麻山亚支系苗族的报道，很少涉及经济生活的内容，这可能与清廷对麻山地区一直实行低税或免税政策相关联。正因为当时的地方官在麻山地区征发赋役之责很轻，所以汉族文人未在麻山地区长期居住者不会注意到麻山地区苗族的经济生活。

麻山地区开辟时间不长，麻山亚支系苗族未能结成强大的军事实力，而麻山周围的各族地方势力又十分强大，致使麻山腹地在19世纪末至20世纪初的我国政治大动荡岁月里，这里一直是各种地方势力争斗的角逐场也就不足为怪了。[①] 在这场旷日持久的争斗中，以下几种势力很有必要略加理顺：麻山亚支系苗族的地方势力，由于该地苗族一直延袭着各宗族并存的社会格局，因而这股地方势力相对而言较弱，在政治动荡上一般是依附于外来的政治势力而求得生存发展。其中，势力较稳固，持续时间较长的是紫云县四大寨的小罗山，这是麻山地区唯一能与周边的布依族势力相抗衡的麻山亚支系苗族集团。另一股重要的势力是新定居的川黔滇支系苗族，即清末文献所称的“葫芦苗”或“新苗”，这部分苗族社会凝聚力强大于麻山亚支系苗族，而且聚居地相对集中，因而形成的社会军事力量能凭借麻山的复杂地形与中央政权抗争。望谟县的设置就与这支苗族势力反抗国民政府直接相关。在麻山地区周边活动的布依族地方势力最为强大，民国左右麻山周边政局的“四大天王”就是其代表。这些布依族豪霸与当时的国民政府时降时叛，而国民政府要控制麻山就必须借助于他们的力量。致使这些布依族地方势力纷争一直贯穿

① 韩昭庆. 雍正王朝在贵州的开发对贵州石漠化的影响，复旦学报(社会科学版)，2006年第2期，第120－140页.

了整个民国时代，直到建国后才最终地铲除。代表国民政府的中央政权是插足麻山最强大的政治势力。尽管强大，但因外来人不熟悉麻山地形，对麻山的苗族、布依族的了解都不深，加上麻山原本是边远地带，当时的国民政府并没有把它放到一个重要的政治地位去认真对待，因而在国民政府存在的整个历史时期内，对麻山地区一直是采取放任自流的态度。只有当麻山地区大乱时才调动重兵加以镇压。平时总是通过各式各样的地方势力间接插手麻山。民国年间的这种半托附状况也给共产党的革命活动提供了便利，其中影响最大的是熊亮臣起义。

熊亮臣出生在新定居麻山的川黔滇支系苗族家庭。20 世纪 30 年代，由于受到共产党革命运动的影响，倾向于共产党，最终成为共产党领导的革命武装领袖之一。他领导的游击队在 30 年代后期几乎控制了整个麻山地区南部。麻山地区的大部分范围在当时就处于他的直接控制下。势力最大时，麻山周边的布依族地方势力都归顺了他。这支革命势力的壮大迫使当时的贵州省政府不得不倾全省兵力多次前往麻山镇压，经过反复争战，熊亮臣失败，他本人逃出了麻山，投奔了广西西部的共产党游击队。

事后，国民政府为了强化对麻山南段的管理，以防起义再次发生，特意将贞丰县的东部辖地、罗斛分县的西部辖地和紫云县南部辖地划出设置望谟县，并修通了紫云直达望谟的公路，但这一切均未能改变麻山地区地方势力的纷争局面。

从麻山地区苗族社会历史文化变迁可以看出，历史上政府的政策虽然使麻山生态遭受破坏，但这并不是根本性原因。外来民族尤其是汉族及外来文化的入侵才是其导因。尤其是清朝末年，麻山沦为了周边各方势力争霸的角逐场，使麻山生态开始遭受外来冲击。

## 第二节　麻山地区苗族传统生活习俗

勤劳智慧的苗族人民，在长期的历史发展过程中，逐渐形成了自己独特的生活习俗。苗族的图腾神话是苗族民间文学中最古老的部分，它集中地反映了苗族初民在远古时期的生活和习俗。在人类社会的初级阶段，人们为了生存，每时每刻都在同各种植物、动物打交道，人与它们的关系极为密切。由于生产力极端低下，缺乏科学知识，人们只能用万物有灵的观念去看待一切，把某种动植物当成自己的祖先，并赋予它以种种神秘的意义。于是产生了图腾崇拜。这种图腾信仰的习俗，与原始创作特别是神话关系最为密切。[①] 在苗族人民的观念中，他们崇拜的图腾是枫木，而对枫木的种种解释，就是最初的神话。在苗族古歌中，人们用很大的篇幅来叙述枫木的来历和功能，这与苗族原始的生活习俗有关。在原始社会的初期，苗族初人们首先居住在大森林里，构木为巢，猎取野兽，也进行一些极为原始的农业生产。高大参天的枫木，是他们居住的场所，抵御毒蛇猛兽的天然屏障，他们就把枫木当成自己的保卫者，另外，枫木有旺盛的生命力，随便插在泥里也能生长，这对渴望子孙繁衍的苗族初民来说。无疑要敬之如神，正因为枫木与苗族初民的生活习俗有这样密切的关系，他们才对它的来历赋予种种神秘的解释，把它演化为图腾来崇拜，当成神秘的生殖力量的寓体。《枫木歌》叙述的枫木变成蝴蝶妈妈，蝴蝶妈妈生下十二个蛋，孵出姜央，人类及万物就是这样产生的。这种观念一直延续下来，至今仍能见到一些痕迹 。如苗族人民在修建房屋时，总是爱用枫木作中柱，认为枫木能生人，住了这种房子，子孙才能繁衍不息，全家才能发福。苗族每次迁徙到新处，都要先栽枫木向祖先昭示，树活则定居，死则离丢，由此还流传着许多传说故事。苗族青年的恋爱婚姻也爱用枫木作“刻木为证”，一方面是因为枫木高又长，风刮不曾倒，用它来刻木大家信得着。另一方面，认为枫木是苗族的始祖用其刻木即是让祖先为证，甚至有的儿童久病不愈，或妇女不育，都向枫木祈求赐福。这些习俗，同枫木神话相印证，充分说明原始习俗与原始创作之间的密切联系。麻山苗族这种对图腾——枫木崇拜的习俗并没有对原始生态造成毁灭性的破坏。

苗族是一个能歌善舞的民族，是一个富于创造的民族。在民间，蕴藏着许多神话、传说、歌谣、故事、叙事诗以及童话、谚语等，它们不仅数量浩如烟海，内容丰富完整，形式也瑰丽多姿，使苗族地区素有“诗乡歌海”之称。[②] 没有文字，靠口头相

---

① 王孔敬. 西南地区苗族传统生态文化的内容特点及其保护传承研究，前沿，2010 年第 21 期，总第 275 期，第 150 – 154 页.

② 杨正伟. 苗族民俗与苗族民间文学，1994 – 2010 China Academic Electronic Publishing House . All Rights Reserved http://www.cnki.net. 第 111 – 114 页.

传的苗族民间文学能够这样丰富跟他们的风俗礼仪是分不开的。几乎每一个重大的传统节日和祭祀活动,都流传着一些优秀的民间诗歌。历史上,苗族是一个饱受战争掠夺、灾准深重的民族,无常迁徙、颠沛流离的生活使他们更加重视亲属关系,他们对祖先寄予深切的怀念,如“四月八”节日,便是对祖先、英雄人物的追念。①在苗族人的信仰里,祖先崇拜是最重要的,有关祖先的活动是最频繁的。“鼓社祭”就是苗族最隆重的祭祖活动,每三、六、九年或十三、二十五、六十年举行一次。在这种活动中,每举行一种仪式,都离不开歌唱。醒鼓时,先由理老选好时辰,携带酒肉、芦笙、鼓棒等物去供祭祖鼓。供好后,就开始唱《起鼓歌》,意是唤醒祖宗的信息,醒鼓之后,标示本届“鼓社祭”正式开始。砍树造鼓便成了本届活动的一项重要仪式。砍之前,先唱《拉鼓歌》,向祖宗请示,砍之后,又唱《祝福歌》,祈求五谷丰登。把鼓木抬回寨边数日之后,选定吉日,举行“凿鼓”仪式。请祭师给鼓木供酒供肉,唱完凿鼓歌后,凿鼓手方能动手。到了丑年秋后,又举行隆重的换轰仪式。丑日这天,四方亲友云集而至,赛歌颂古,热闹非凡。次日一早,祭师带领鼓头等人到停鼓祠去,唱其《呼唤词》,通报祖灵。②午后,众人把山鼓搬回寨上,念其《换鼓词》,举行换鼓仪式。第二天是引鼓,一路反复吹奏《引鼓曲》,随后又举行杀牛祭祖、淋花树、盖灵房、一送鼓、洗鼓等仪式,每一个仪式,都有自己的一组歌。这些歌,概括起来,主要是追叙祭祀的起源,记述有关祭祀人、祭物、仪式的情况。内容包括宗族结构、迁徙定居、饮食起居以及乡规民约等,涉及神话、传说、民俗等多方面。由此看出,鼓社歌的产生及它的内容,与其宗教习俗有密切联系。有了崇拜祖先、祭祀的一切习俗活动,才产生这样一系列的鼓社歌。

苗族的丧葬习俗,湘西和松桃地区,受汉族的影响较大,黔东南及其他地区,基本上还保存着本民族固有的习俗。某家老人寿终,同寨的人都出来帮忙,亲友也前来,并举行一系列的丧葬仪式。出殡前,那者亲属都要围在老人的棺材旁边哭泣,唱《孝歌》,还要请巫师来唱《焚巾曲》。唱之前,丧家先备好枫木长桌一张,并摆上酒、鱼、肉、稻谷、水盆等物,然后,叫亲属都聚集到桌子旁,由族长主持歌唱。先按

① ② 杨正伟. 苗族民俗与苗族民间文学,  第111 - 114页.

丧家的老、新亲戚顺序，逐一点名请唱《焚巾曲》，等众人都说自己不会唱，愿请人来唱后，族长才正式请巫师来唱。《焚巾曲》的内容十分庞杂，包括民族的来源、民族的战争和迁徙，死者的出生、恋爱婚姻、生儿育女、劳动过程、灵魂归天等，还包括洪水神话与兄妹结婚的原因，穿插有许多有趣的民俗。从歌中反映的内容和社会生活习俗看，这些丧歌是祖先崇拜代替了自然崇拜，它是私有制产生以后，伴随着有关习俗活动而产生的。另外，黔西北地区在丧葬的过程中，还要由舅舅家来唱《姑妈话》，主要追何死者的死因，怎样装殓的，最后安慰死者，祈求降福子孙。这反映了舅权的痕迹。苗族的婚姻礼仪和习俗，虽然各地不尽相同，但都有自主婚姻和包办婚姻两种形式。这种形式都使苗族情歌得以丰富和发展，使它具有强烈的感染力和生命力，在苗族文学史上占有一定的位置。苗族的自由婚姻一般都是通过青年男女公开的社交活动来进行的。这种社交活动黔东南称“游方”，松桃和湘西称“会姑娘”，黔西北称“向月亮”，广西大苗山称“坐寨”，也有的叫“踏月”、“跳场”，每逢赶场、走亲访友、节日活动以及农闲时节，青年男女都聚集在一起，谈情说爱，对唱情歌，这种公开的社交活动，除个别地方、个别时候不定场合外，大部分都在白天或晚上，男青年都要主动到“游方场去”，用打口哨、吹芦笙、唱飞歌等信号约女方出来，寨上的女青年听到后，便换上衣服，邀约同伴出来与男青年攀谈对唱。开始，男女双方都想用自己的智慧、自己的歌声抓住对方、吸引对方、了解对方，于是就唱《问姓歌》、《试探歌》等，经过几番对唱、攀谈，觉对方如意，就唱《羡慕歌》、《讨物歌》等。开始先交换一些小物品。后来，随着爱情的发展，又唱《初恋歌》、《迷恋歌》，并交换一些贵重的定情物，如银饰、衣服。过了一段时间，经过多方面了解，愿与对方结为伴侣，就唱《合情歌》、《定情定彩歌》，这样双方就可以订下婚约。从相识到定婚的这个过程，基本上都是用歌来表示的。这些歌词，有的是世代相传的，也有的是触景生情，即兴创作的，但它们都是随着感情的变化而流露出天真活泼的素质。在苗族青年的观念中，情歌已成为他们聪明智慧的象征。不懂歌就很难找到对象。由于这些情歌在他们的现实生活中占有一定的地位，因而其内容异常丰富多彩，成为苗族文学中一朵常开不败的山花。苗族青年婚姻一般来说是比较自由的，然而过去，不少地方却也受到门当户对、分支开亲、父母之命、媒妁之言等种种限制，特别是“还娘头”的传统习惯，像一条绳索死死地缠在苗族青年男女的身上。谁触犯它，不仅要受到舅权的迫害，而且受到“榔规”的惩罚。在这种情况下苗族青年男女，有的只好远离家乡，逃到深山老林去寻求生存，于是出现了《逃婚歌》。有的不愿嫁给舅家的儿子，宁愿交“舅礼钱”，于是出现《礼钱歌》，也有的就干脆不嫁，于是出现《守娘歌》、《姊妹歌》。当然，随着社会的发展，苗族中那些落后的风俗习惯已发生了一定的变化，像“还娘头”这些枷锁逐步消亡。另外，苗族青年男女在举行婚礼时，还要有一定的婚嫁仪式。在这过程中，姑娘要唱《出嫁歌》，她的兄弟姐妹要唱《送亲歌》。有的还要请巫师来唱《亲戚歌》、《由嫁男到嫁女歌》和《分支开亲歌》、《择日开亲歌》、《大客歌》、《吃姊妹饭歌》以及《祝福歌》等。总之，苗族的婚姻习俗与婚姻歌始终都是联系在一起的。甚至婚后夫妻不和，还有《离婚歌》。

苗族的传统节日，区域性很强，有的节日虽然名称和意义相同，但过节的时间却有差异。又由于民族杂居的影响，有些节日与汉族或其他民族的节日一致，形成了共同的节日如春节、端午，但苗族在过这些节日时，还保持了自己的特点，如苗年、爬山节、四月八、龙船节、鼓社祭、敬秧节、吃新节、吃姊妹饭等都是苗族自己独特的民族节日。这些节日，有的是为了庆贺丰收，有的是为了祈求风调雨顺，有的是为了纪念民族英雄，有的主要是进行宗教活动，也有的是专为青年男女社交活动而规定的集会。尽管节日集会的意义不同，但它们都是展现苗族民间文学的园地。不懂歌或回避歌，在这种场合是不受欢迎的。青年男女是歌舞活动的主角。他们都从四面八方汇拢在一起，谁也不愿错过这个选择对象的良机。而男女交流时，主要以歌表达，尤其在初次见面，唱歌更为重要。谁的歌好，谁就能吸引对方。因此唱歌成了苗族青年男女间交际的主要方式。近年来，有的集会点还举办民歌比赛，这是歌手们大显身手的好机会，各种酒歌、飞歌、礼仪歌等也在此得到了充分的表现，他们不仅学习了大量的传统民歌，而且还新创出大量的新民歌。从某种意义上讲，苗族的节日就是苗族人民定期举办的民间艺术汇演。苗族民间文学就是靠这些节日集会保存和发展起来的。苗族人民在平常的社会活动中，也离不开歌。热情好客是苗族人民的美德，用酒待客，以歌助兴是苗族的习惯。每当走客访友，娶亲嫁女，逢年过节，除了吃酒吃肉外，都喜欢在酒席上唱歌。因而产生了“酒礼歌”和“祝颂词”，有的还要对唱古歌、叙事歌等，真是不会唱歌难做客。总之，许多苗族民间文学作品就是为了适应这些习俗活动的需要而产生和发展起来的，而这些习俗又促使民间文学诗歌进一步发展。①

从麻山苗族的生活习俗状况可以看出苗族人民的生活习俗及文化中并没有直接危害自然生态的行为。他们崇尚自然，把自然物种当祖先来崇拜。所以，麻山生态环境的破坏并不是由其民族内在的生活习俗及文化所导致的。

## 第三节　麻山地区苗族传统生计特点

麻山地区生息着众多的民族，各民族对生物资源的利用互有区别。居住时间最长的是苗族和仡佬族，早年他们依靠在喀斯特山区特有的疏林灌草地段实施刀耕火种为生，居住地常按烧畲地的远近作有规律地迁徙。在耕作之余，还辅以狩猎和采集。他们刀耕火种的范围主要集中在峰丛洼地之山脊地段。当地的布依族和壮族则主要集中在当地较少的河滩盆地中，依靠水稻种植和丛林采集为生。在正常情况下，苗族、仡佬族和布依族、壮族之间隔着山地丛林遥遥相望，仅在特殊的季节通过贸易互通有无，因而极少发生生物资源占有和利用上的冲突。彝族的传统居住区并不在麻山，在彝族土司势力强大时这里曾被占为冬牧场，不过彝族从未在此定居。这种季节性放牧不会对当地生态环境造成负面影响，而是给当地苗族和布依族带来各种商机，使他们在农牧产品交换中获得丰厚的收入。在历史上，上述五个民族间的文化制衡格局长期稳定延续。由于各民族利用生物资源的对象各不相同，利用办法又适应当地的生态结构特点，因而在高效利用的同时并未引发生态灾变。

麻山的地质结构具有特殊性，保土保水能力低，植被一旦遭受人为破坏，容易酿成不可逆的石漠化灾变。但是，酿成石漠化灾变绝不单是自然因素，更重要原因还在于人为的干扰。但人为因素对生态造成破坏也并不是当地居民传统文化的本意。从根本上说，当地各族的传统文化都能很好地适应当地的生态环境，人为的生

① 杨正伟（苗族）．苗族民俗与苗族民间文学（第 111 – 114 页）．

**图 3.3.1　峰丛洼地间的居民(杨成摄)**

态破坏总是发生于政治动荡、民族冲突的特殊时期。①

麻山地区的主体居民是操苗语麻山次方言的苗族,属于苗族中南支系麻山亚支系居民。这批苗族居民是在什么时候定居麻山地区,由于史籍记载告缺,目前待考。在漫长的历史过程中,这批苗族居民居住过的地区一直属于中央王朝所界定的生界地区。唐宋两个王朝,在这一地区既未设置过羁縻州郡,也未设置过任何形式的行政建制。麻山地区往往变成周边各民族地方势力角逐的地带。元、明、清三朝,改变了传统的羁縻制度,委任各民族地方势力为各级土司,为朝廷代辖民族地区。但这种制度仅在麻山周边地区推行,麻山腹地从未设置过土司,依然以生界的形式被包裹在各民族土司领地之内。直到清雍正年间的大规模改土归流时,麻山腹地的苗族居民才正式纳入中央王朝统辖的范围(详情可参见《朱批谕旨》和《清史稿》)。正因为中央王朝和内地汉族文人对麻山地区的苗族所知甚少,因而单凭汉文典籍很难复原当地苗族居民早年的社会生活实情。从汉文正史资料中,仅仅知道这里的苗族居民在元代时被称为"桑州生苗",他们曾经是周边布依族土司的招抚对象。明代的地方志和文人笔记中,有时将他们称为"康佐苗",有时又将他

① 蔡运龙. 自然资源学原理[M]. 北京: 科学出版社, 2001.

们称为"八番苗蛮"。需要注意的是,这些名称都是因为周边的各族土司名称而得名。从这些名称中,很难窥见他们的社会生活实情。直到明代后期,外界对他们的了解才形成一个模糊的轮廓。

明人田汝成所著的《炎徼纪闻》一书,首次将他们称为"克孟牯羊苗"。其后,郭子章《黔记》承袭了田汝成的记载。但这两本书所载内容大同小异,能够提供的信息甚少。凭借两书的记载,我们只能知道该亚支系的苗族长期延续穴居习俗,以喀斯特山区特有的溶洞作为住处,进出住所都是凭梯子上下。住房内的设置没有汉族意义上的床,而是直接坐卧于洞中。他们的婚姻习俗,延续苗族古代的"出面婚"制度。通常是先恋爱建立家庭,生孩子后,直接头胎子女断奶,夫妻双方才携带子女到妻子的家族正式举办婚礼。对他们的生产活动,两书仅提到他们以"铁镈拨土,耰而不耘"。凭借这一记载,只能判断他们从事的是游耕生计。而具体耕作的详情,则不得而知。对他们的丧葬习俗,两书仅提到他们举办丧事,不管死者去逝的时间是什么时候,都要到春天时才正式举办丧礼。要凭上述简略的记载,复原他们早年的社会生活,显然不可能。好在现代的考古学手段,可以为我们提供更其直接的资料,帮助我们间接推知他们早年的社会生活面貌。

由于该亚支系的苗族至今尚有部分人沿袭穴居习俗,如紫云县的中洞村就是如此。此外,在紫云板当乡的克孟,以及红岩、打郎、妹场、白花等乡,不仅可以找到早年苗族先民居住过的洞穴,还保存着大量崖丧或悬棺丧的遗址。清理这些遗址,可以为我们提供非常直接的该亚支系苗族的古代社会生活信息。比如说,崖丧洞中棺木所用的材料都出自构树、栲树,甚至是楠木,这些棺木用料,质地坚硬、板材厚重。考虑到古代的苗族居民只能就地取材,据此可以推知,早年这一地区森林必然极为茂密。在这些崖丧洞中,还摆放着狩猎用的弩机、环首刀,以及祭祀用的牛骨和马骨,据此可以推知,他们不仅饲养牲畜,还从事狩猎活动。清理当地苗族先居住过的洞穴,如板当乡的克孟洞中,在石臼中就找到了残留的小米、红稗和薏仁米的壳,足以推知,他们实施的是旱地农作。加上在洞中找不到犁耙一类工具,足以推测他们实施的是游耕。

清人陈浩编汇的《百苗图》中,描绘有男子肩扛翻锹的情景,印证田汝成的记载，可以证明当地苗族先民是用翻锹，也就是耒、耜一类工具从事游耕。[①] 尽管这样的复原很难令人满意，但麻山地区古代生态环境良好，当地居民的生活相对富足，并较少蒙受生态蜕变的灾祸，则是不容质疑的客观史实。

目前学术界争议的焦点在于，为何麻山亚支系的苗族为能结成强大的地方势力，以至于中央王朝不仅不能统治他们，甚至连设置土司都办不到。对于这个问题，我们的理解是，这是多重原因复合作用的后果，决不能理解为当地苗族经济落后，或者社会发展落后。从自然原因看，麻山地区地表崎岖，交通极其不便，有限河流都没有通航之利，中央王朝无论从任何方向进入麻山，都困难重重。这应当是朝廷无法在这一地区设置土司的原因之一。从经济生活上看，由于这里的苗族实施的是游兼狩猎－采集生计方式。这两种生计方式产出的产品种类多而批量小，而且产品与内地的反差太大，这些产品在汉族地区很难纳入规范的税收体制，这乃是中央王朝无法在麻山地区设置行政建制的根本原因。但无法设置行政建制，并不意味着当地苗族生活贫困。从崖丧洞中的丧具和殉丧品看，麻山地区的苗族在古代并不贫困。至今，当地苗族还深信这样的传说，说他们的先辈比他们这一代人长得高大。并且说，这正是改土归流后，中央激励他们实施土丧的原因。他们深信实施土丧后，人的体格反而变得单弱了，对朝廷不再具有威胁性。这样的传说，当然不能反映历史的全部实情，但至少可以证明，在改土归流前，他们先民的生活并不像想象的那样贫困。悬棺丧中，残存古代骨骸，经实测后，表明男子的身高都在一米六左右，也可以间接佐证，他们先民的生活并不贫困，成长期并不缺乏营养。因而，将他们不能形成强大的地方势力，归咎于经济落后，显然站不住脚。

再一种观点是麻山亚支系的苗族不能形成强大的地方势力，是他们的社会组织发展低下的结果。这样的提法，也缺乏事实根据。和麻山亚支系苗族一样，处于家族村社的西南少数民族很多，侗族、水族、布依族都存在着类似现象，但这些民族都有自己的土司。由此可见，社会发展的水平，并不是他们不能形成强大地方势力的真正原因。有鉴于此，我们认为关键的原因在于，他们的生息区具有较强的封闭

---

① 石建中．〈百苗图〉与苗族的历史和文化，中央民族大学学报（社会科学版），1997 年第 1 期（总第 110 期），第 48－53 页．

性。每个峰丛洼地只能允许十多户到四五十户的人家生存，峰丛洼地之间不仅交往困难，而且资源结构又互有区别，以至于超越家族村社的强大地方势力无法克服自然环境的障碍。① 这才是麻山地区长期处于生界的直接原因。②

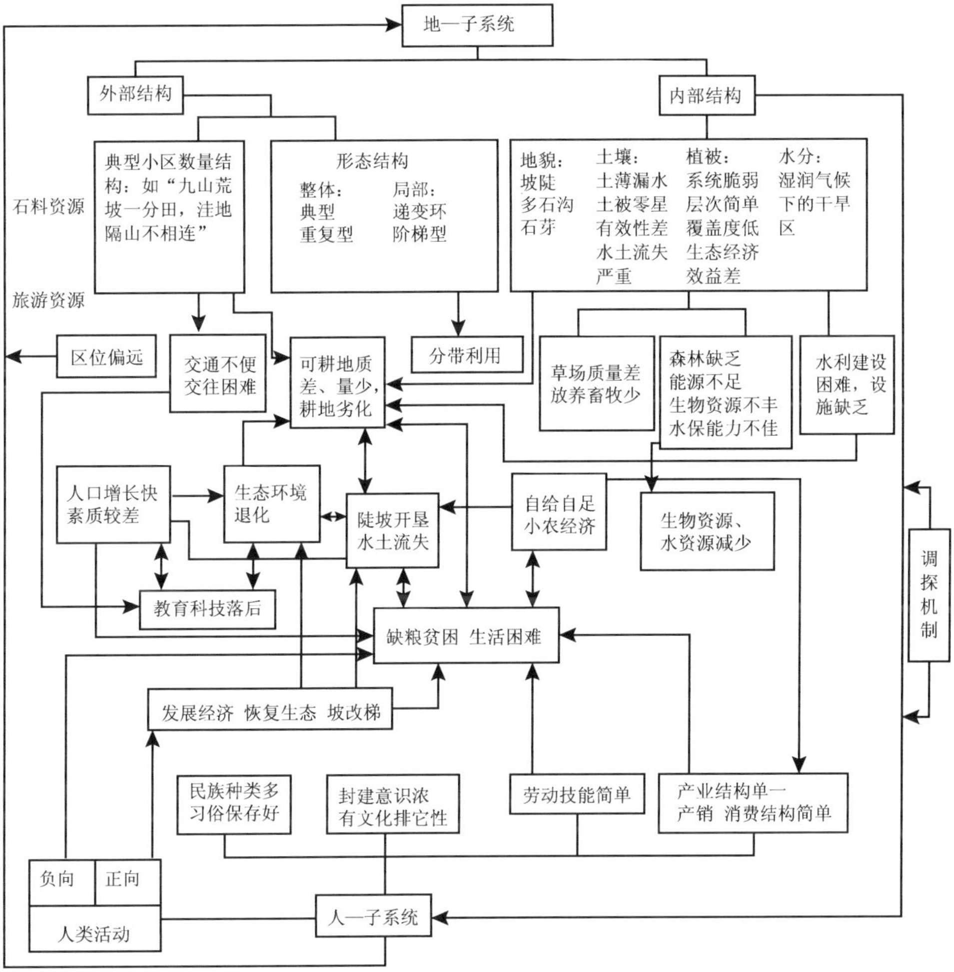


**结构图1 麻山人地关系图**③

① 安裕伦. 贵州峰丛喀斯特多民族山区人地关系的思考——以贵州麻山、瑶山及北盘江河谷地区为例，贵州师范大学学报（自然科学版），2000年8月，第18卷第3期，第8－12页.

② 引用自安裕伦，贵州峰丛喀斯特多民族山区人地关系的思考——以贵州麻山、瑶山及北盘江河谷地区为例，贵州师范大学学报（自然科学版），2000年8月，第18卷第3期，第8－12页.

③ 结构图1引用自安裕伦，贵州峰丛喀斯特多民族山区人地关系的思考——以贵州麻山、瑶山及北盘江河谷地区为例，贵州师范大学学报（自然科学版），2000年8月，第18卷第3期，第8－12页.

明代后期,先后有另外两个苗族支系的居民迁入麻山地区定居。一个是,明万历年间平播之役后,原先居住在遵义地区的苗族因为逃避战乱而迁居麻山。[①] 这部分苗族属于苗族西部支系,通用苗语为川黔滇次方言。由于明代麻山一直处于"生界",因而这部分苗族的迁入,在雍正改土归流以前的汉文典籍中没有得到反映。但清代后期所编的《安顺府志》中,却明确地提到了他们的存在,将他们称为"新苗",而将麻山亚支系的苗族称为"老苗"。从清代末年到20世纪中期,这部分苗族曾经多次结成强大的军事势力集团,发动过多次武装抗争。这样的政治行为,与麻山亚支系的苗族存在着明显的区别。

另一个新迁入的苗族集团,是明代后期都云府所辖的平州六洞土司家族内部发生内讧,曾经将独山地区的苗族中的一部分人裹胁到广西泗城土司的领地内,也就是今天麻山地区东南部定居的苗族。这部分苗族属于汉文典籍所称的"九名九姓"支系。这部分苗族长于稻田耕作,因而无法在麻山腹地定居,只能在麻山边沿地带的河谷盆地中与布依族杂居。

由于这两部分苗族在麻山地区定居的时间不长,加上又与周边的各族土司有关联,因而他们的生计方式与麻山亚支系的苗族有所不同。其生计方式在麻山地区的适应能力并不高。

麻山地区的仡佬族,其传统生计方式与麻山亚支系苗族相近。但人数很少,居住又分散,因而在麻山地区的影响长期未引起足够的关注。在麻山的周边地区,势力最大,影响最为明显的民族首推布依族,其次是壮族。麻山地区的东部与元明两代所称的"八番十三长官司"领地相毗连,这十三个长官司都是布依族所建。中央王朝了解麻山地区苗族的实情,往往是通过这些布依族土司作中介。麻山地区的西部有一个历史久远,影响较大的布依族土司,这就是康佐长官司。该土司曾经招谕过麻山地区的苗族,并取得了一定的成功。这乃是麻山亚支系苗族在衣着习俗和宗教信仰上,深受布依族影响的原因之一。麻山地区的南部与广西泗城土司的领地相接,泗城土司在这些领地内设置了众多的亭目,统辖这些地区的布依族和壮

① 翁家烈. 明代贵州民族关系述略, 贵州民族研究, 2004 年第 3 期(第 24 卷总第 99 期), 第 147 - 155 页.

族居民。在历史上,上述各土司统辖的布依族、壮族居民,都是靠定居的稻田农耕为生。要从事水稻耕作,就只能生息于高原河谷坝子中。这就注定了,麻山周边布依族居民的经济生活与麻山亚支系的苗族居民形成了强烈的反差。布依族的村落高度稳定,耕地都充分地私有化,这与麻山亚支系的苗族的资源利用方式截然不同,所形成的产品,很容易纳入中央王朝的税收体制加以吸收。这乃是这些布依族、壮族土司与中央王朝关系密切,并且得到中央王朝的支持的社会经济原因。布依族居民无法进入麻山腹地定居,也因此而造成。因为在麻山腹地,没有地表径流,也就无法建构农田种植水稻。以水稻为生的布依族,当然不可能迁往麻山腹地定居。但改土归流后,却可以凭借居住地的区位优势,深入麻山地区采购麻山亚支系苗族的土特产品,转输内地而获取重利。麻山地区的土特产,如构树皮、桐油、薏仁米,以及后来引种的麻类,就是通过这样渠道而进入中原市场。

麻山地区的北部紧邻宁谷、张番等彝族土司领地,彝族的传统生计方式是农牧兼营。因而进入麻山,仅仅是出于牲畜越冬的需要,因而这种进入具有临时性。彝族居民从来没有在麻山腹地定居过。

对麻山腹地的苗族,在政治角度影响最大的土司是金筑安抚司。该土司家族虽然出身苗族,但接受汉化较早,实施定居农耕也较早,因而他们与麻山亚支系苗族的关系,纯属代管性质。这乃是汉文典籍中,常常记载克孟牯羊苗属于金筑安抚司属下的原因。但金筑安抚司的部民,很少在麻山腹地定居。明万历四十年,金筑安抚司改土归流后,设置为广顺州。该州的设置,为汉族居民进入麻山腹地铺平了道路。因而,在清雍正改土归流前,已有不少汉族居民取道广顺潜入麻山地区定居。这部分汉族移民,正是《清实录》中所称的川贩和汉奸。这些人,在雍正改土归流的过程中,受到过朝廷的重处。但这种移民活动却没有中断。麻山地区的汉族居民便因此而来。

清雍正改土归流中,麻山地区的苗族居民归顺了清廷,清廷就其地设置了归化厅,归安顺府统辖。[1] 这一行政格局,一直延续到 20 世纪 40 年代。二十世纪三四

---

① 余宏模. 试论清代雍正时期贵州的改土归流,贵州民族研究季刊,1997 年第 2 期(总第 70 期),第 26 –34 页.

十年代，明万历年间移居麻山的苗族居民，也就是《安顺府志》所称的“新苗”，在熊亮臣的领导下发生了武装起义，反抗国民政府。起义被镇压后，为了对麻山地区分而治之，国民政府将麻山地区的南部从紫云县（即清代的归化厅）划拨出来，再加上永峰、罗斛两县的部分辖地，兴建的望谟县。从而形成了将麻山地区分属紫云、长顺、惠水、罗甸、望谟五县的归隶格局。20 世纪后期，由于设置黔南布依族、苗族自治州和黔西南布依苗族自治州，又使得麻山地区五县中罗甸、长顺、惠水三县归属黔南州，紫云县归属于安顺地区，而望谟县归属于黔西南州。

可以考知的麻山历史表明，麻山地区在历史上一直是一个完整的地理单元。麻山的主体居民是苗族的麻山亚支系苗族，这部分居民在麻山地区定居至少稳定延续了一千多年。在漫长的历史岁月中，一直保持着麻山地区的生态环境的稳定，从未出现过大面积的石漠化灾变。因而，麻山地区的石漠化灾变显然不是这部分苗族传统生计方式执行导致的结果，只能归咎于 20 世纪族际关系的动荡和文化上外来文化要素的渗入。要救治麻山地区的石漠化灾变理所当然地，应当优先发掘该亚支系苗族的地方性知识和技能。至于 20 世纪的族际关系和现代化进程如何诱发为现在麻山地区的石漠化灾变，这需要在当代的田野调查中作出说明。

# 第四章　麻山地区生态灾变的历史过程及其现状

## 第一节　麻山地区石漠化灾变的起因

麻山地区的生态系统脆弱性来源于地质和地理结构的本底特征，未经人力扰动前，这里也可以支持生命力旺盛的亚热带季风丛林稳定延续。如果对生态系统的利用不触动其本底特征的脆弱环节，即使高效密集的资源利用也不一定会酿成生态灾变，当地生态系统的脆弱环节也不会就此暴露。相反地，如果触动了当地地质、地理结构的脆弱环节，那么即使是轻度有限的利用，也会酿成生态灾变，造成大面积的土地石漠化。目前，当地的严重灾变皆因后者而起。

西南地区农村的石漠化是诸多土地利用冲突表现形式之一。贵州较为典型石漠化是人类不合理的土地利用活动的结果。人类的土地利用与脆弱的生态地质环境形成诸多偏差，导致石漠化不断的形成，发展演化，贵州的石漠化已经成为严峻的生态经济问题，其需要高度地重视。石漠化是在亚热带湿润气候条件下的喀斯特地区，由于自然因素和人为活动的影响，植被严重破坏和土壤严重侵蚀，岩石大面积裸露，土壤肥力严重下降，地表呈现类似荒漠化的景观和过程。[①] 土地石漠化是不可医治的，土地癌症、喀斯特石漠化是土地荒漠化的主要类型之一。它以脆弱的生态地质环境为基础，以强烈的人类活动为驱动力，以土地生产力退化为本

---

① 李阳兵，王世杰，容丽. 关于喀斯特石漠和石漠化概念的讨论，中国沙漠，2004 年 11 月，第 24 卷第 6 期，第 689 – 695 页.

质，以出现类似荒漠景观为标志。[①]

作为当地主体民族的麻山支系苗族，其居民在历史上一直仰仗复合经营为生。作物种植是以刀耕火种方式从事旱地游耕。种植区段密集于石山山脊的疏树及藤蔓草坡。主要种植的作物有小米、燕麦、红稗、天星米、荞子等。家畜喂养是在刀耕火种的轮歇地上实施，饲养的牲畜以山羊和猪为主，也喂养黄牛和马。此外他们还利用石山坡面上存在的藤蔓丛林生态系统，洼地底部的湿地生态系统作为狩猎采集的场所，以获取食物和衣着原料。[②]

这一地区的瑶族人数不多，都属于布努支系瑶族。[③] 其传统生计方式与苗族相同，但他们使用的语言与苗族不同，而且居住聚落的变动比苗族更为频繁。当地的布依族人数虽然不少，但他们的聚居区都位于麻山地区的边缘地带，或者是在麻山境内极其罕见的河流宽谷坝区，其中有布依族定居的河流仅格凸河和桑郎河而已。布依族的生计方式是从事定居的稻作农业，稻田种植都采用"稻、鱼、鸭共生模式"，此外还长于在半山区从事林副产品的生产。桐油、生漆、棕片是其外销的主要林副产品。[④]

麻山地区的各族居民，特别是苗族和瑶族，由于其传统生计方式与内地汉族差异太大，即使是与周边布依族居民相比也存在着巨大的差异，其经济活动中形成的产品无法与汉族社会接轨，加上地貌崎岖，交通极其困难，因而在历史上一直被朝廷视为"生界"。[⑤] 也就是说，不仅朝廷派出的地方行政官员不能直接加以统治和管理，就是周边的各民族土司势力也难以深入其间。[⑥] 其间的各民族往往是以家庭村社的形式，占据一至数个峰丛洼地，维持生计。各家族村社则处于并行延续状态，互不统辖，其间的联系只能靠姻亲关系来加以维持。

在雍正大规模实施"改土归流"时，当地居民迫于形势压力，主动向清廷表达了归顺的意愿。他们的意愿获得了清廷批准，清廷才得以开始着手在当地设置行

---

① 王世杰. 喀斯特石漠化概念演绎及其科学内涵的探讨，中国岩溶，2002 年第 2 期，第 101－105 页.

② 刘锋. 百苗图疏证[M]. 北京：民族出版社，2004.

③ 柏果成等. 贵州瑶族[M]. 贵阳：贵州民族出版社，1990.

④ 王伟等. 布依族[M]. 北京：民族出版社，1991.

⑤ 《清史稿》，卷 515，《列传》，卷 302，《土司四》.

⑥ （清）田雯撰：《黔书》卷上，《苗俗》.

政机构，对当地居民实施直接统治。① 清廷接管这片土地后，以原有的布依族康佐长官司建置为基础，在镇宁州的属下新置归化厅，②以统辖这片新归顺的辖地。

其后，清廷很快就发现，麻山地区各民族所产出的农产品，与外界的农产品差异太大，在集市贸易中价格波动也很大，而且这样的农产品无法就地供做军粮，维持当地驻军的给养。③ 因而急于寻找一种替代农作物，以图摆脱税赋征收和驻军给养两大困境，结果选中了棉麻两种纤维作物，作为向麻山引种推广的对象。当时的决策考虑在于棉麻容易在国内市场流通，出售棉麻换回的银两可以支持当地苗族顺利完纳"地丁银"。上述两大困境可以一并得以解决，加之种植棉麻，技术要求并不高，产品的附加值却较高，而且运输规模又很有限，这对于山路崎岖的麻山地区而言，更容易收到惠民、利民的口碑。正是综合考虑了上述各项长处，向麻山地区推广棉麻种植才成了一项持续推进的经济发展策略。但棉花种植并不顺利，④而麻的引种植却取得了成功，并使这里成为云贵高原的主要麻产区之一，当地也因此而获得了"麻山"这一地名。

推广棉麻种植之前，当地苗族本来就有自己的传统衣着原料，这些衣着原料都取自于当地土产的野生植物，如构树、火草、葛藤、木棉、芭蕉等。用此类纤维纺织的衣料，由于原料不稳定、不统一，因而在麻山以外的地区，无法为市场所接纳，故只能供当地消费之用。而上述各种纤维中，批量稍大者，如构树皮和木棉纤维，则只能以低价在集市抛售，汉族和布依族工匠则利用这些纤维制作纸张⑤和被褥的填料。销售量虽然不低，但麻山的苗族居民却很难得到经济实惠，因而政府出面推广种植棉麻，很快得到了当地苗族的欢迎和配合，朝廷的这一惠民政策，几乎没有受到任何阻力，就得以全面推开，相关的地方官员还因此受到了朝廷的嘉奖。⑥

外来作物的引种成功，不仅是一项社会工程，而且还是一项生命工程。就社会层面而言，一种外来作物的引入，都会引发一连串的社会调适，新的农作物必须获

① （雍正朝）《圣训》卷11，《武功》.
② （清）罗绕典撰：《黔南职方纪略》卷1，《安顺府·归化厅》.
③ 《清实录》《贵州资料辑要》. 贵阳：贵州人民出版社，1964.
④ （清）爱必达撰：《黔南识略》卷3，《定番州》.
⑤ 张肖梅著. 贵州经济[M]. 北京：中国国民经济出版社，1939.
⑥ 《朱批谕旨 · 鄂尔泰奏折》第九函，第六册，贵州省图书馆藏本.

得明确的价值定位，才能形成生产规模。一旦形成规模又必然淘汰或者改变传统的农作物结构，而且会牵连影响到习俗、观念、技术等众多文化要素的改变，棉麻的引进就是如此。麻的种植一旦形成规模，当地苗族传统的野生衣着原料，如芭蕉、火草、葛藤就随之退出了应用的领域。棉花的引种，并不成功，而麻类纤维又不适宜做填料，这才使得木棉得以继续生产和运用。但最大的改变还在于麻类的种植规模扩大后，不仅改变了当地苗族的衣着原料，还淘汰了他们吸取各种野生纤维传统的技术和技能，最后还使麻类产品拥有量的多少，成了当地苗族夸耀富裕的依据和获得社会声望的资本。从生物生命的层次看，任何一种外来作物要在新的自然和生态背景中成活，并顺利地繁衍后代，都得渡过一段艰难的生物适应期。与此同时，被引种作物的生物属性与引入地区上著物种能否兼容，也是一个重大的生命难题，规模种植后又会诱发什么样的生态隐患，同样具有很大的风险性，棉麻的引种正是如此。

麻山地区，在春秋两季都要遭逢连天的阴雨天气，或者浓雾天气。而这一季节恰好是棉花的吐絮季节。过于潮湿的阴冷天气，会使棉花无法吐絮，而霉烂在棉桃中。[①] 对待这一生物适应上的难题，当地苗族居民不得不将即将成熟的棉桃摘下来用柴火熏烤，才能获取棉花纤维，以至于生产成本抬高，种植棉花几乎无利可图。这正是在麻山推广种植棉花而不能成功的生物性制约因素。麻的情况则不同，由于麻类可以无性繁殖，结不结籽对于麻类的推广种植影响不大。麻类的纤维又取自韧皮，连天的阴雨对产品形成也不构成伤害，这才使得麻类的推广种植要顺利得多。可以说麻山成为重要的产麻区，社会的支持与配合只发挥了一半的作用，成功的关键主要得益于麻类的特异生物属性。

麻类作物进入麻山，虽然自身渡过了生物适应难关，但麻山地区自然与生态系统，在接纳麻类作物的同时，却也种下了灾变的隐患。原因也出在麻类的生物属性上。麻类是宿根性的多年生植物，地下根系十分发达，因而麻类要正常生长必须依托于土层深厚，排水良好的麻园。偏巧的是麻山地质地貌特征正在于石多土少，整

① 马国君. 清代至民国云贵高原的人类活动与生态环境变迁（博士论文），云南大学图书馆藏本，2008 年.

个山脊和陡坡面表土极端稀缺，只有在峰丛洼地底部，经多年积累后土层稍感丰厚，要在麻山开辟麻园，地址别无选择，只能是峰丛洼地底部。然而在自然状况下，峰丛洼地底部的地漏斗和岩缝，往往被土石或植物残株堵塞，加上泽生植物生长繁盛，特别是耐阴耐湿的苔藓植物生长极为繁盛，此类植物的植株，特别是发达的根系，会将下通伏流和溶洞的岩缝和地漏斗陆续堵塞严实，从而在这里形成溶蚀湖，或者是季节性的洪泛湿地。在别无选择的前提下，当地苗族在峰丛洼地底部开辟麻园，虽然部分地满足了麻类种植的需要，但却引发了一连串的繁难。因而对付季节性的洪泛，确保麻类不会因水淹而窒息，解决的办法只能是戳穿地漏斗向伏流和溶洞排水，其结果虽然稳定了麻类种植，但却诱发了三重生态弊端。其一是浪费了可贵的水资源，经长期积累后，使麻山地区日后陷入了在旱季极度缺水的困境。其二是导致了整个湿地生态系统的彻底改性，原先生物多样性水平极高的湿地生态系统，自此以后退变为旱地农田。当年对于苗族居民而言，专供狩猎采集的风水宝地变成了受麻类市场价格波动的单一作物种植园。[①] 其三是地漏斗一旦戳穿，暴雨季节在流水和重力的复合侵蚀下，当地稀缺的土壤资源，会通过地漏斗，泻入地下伏流或溶洞，这就种下了麻山地区土地石漠化灾变的隐患。[②]

## 第二节　麻山地区苗族改土归流前后生计方式变迁

麻山腹地有史可考的古老居民是苗族和瑶族。当地苗族属于苗族黔中南支系麻山亚支系，通用苗语麻山次方言。[③] 瑶族属于布努支系，通用苗语为支布努方言。[④] 13 世纪以前的汉文典籍偶有提到他们的存在，将他们混称为“生徭”，记载了他们以刀耕火种和狩猎采集为生。《桂海虞衡志》和《岭外代答》都明确提到各级

---

① 杨庭硕. 苗族生态知识在石漠化灾变救治中的价值. 广西民族大学学报（哲学社会科学版），2007 年，第 29 卷，第 3 期，第 24 - 33 页.

② 论外来物种引入之生态后果与初衷的背离——以“改土归流”后贵州麻山地区生态退变史为例，云南师范大学学报，2010 年 1 月，第 42 卷第 1 期，第 37 - 42 页.

③ 刘锋.〈百苗图〉疏证[M]. 北京：民族出版社，2004.

④ 柏果成，史继忠，石海波. 贵州瑶族[M]. 贵阳：贵州民族出版社，1990.

地方政府均未直接统辖过他们,通常是依靠壮族地方势力,与他们发生联系。① 有幸的是,上述残缺的记载在今天的田野调查和考古探测中可以找到佐证。元朝统一全国后,也曾通过麻山周边的布依族土司招抚过他们。《元史》中称他们为“桑州生苗”。② 从这一名称中可以看出,直到13世纪前,他们一直未被纳入中央政府的直接管辖。元末明初的典籍对他们的记载仍然十分零散,仅是在提及麻山地区东北方的金筑安抚司、东面的八番长官司、西面的康佐长官司和南面的泗城土司时,偶尔提到这些土司治下有“苗蛮”或“猺人”。③ 首次对这里的苗族作专条系统介绍,开始于明人田汝成的《炎徼纪闻》。该书称他们为“克孟牯羊苗”,记载他们居住在悬崖上的岩洞中,进出依靠梯子上下。还有记载说他们用“铁镈拨土”,耕作时不中耕除草。④ 由于这段记载行文过于粗疏,以至于长期以来一直没有弄清他们进行农事活动的实情。直到《百苗图》问世后,由于有了附图说明,才知道所谓“铁镈”是一种类似“耒”、“耜”的农具。⑤ 这些记载深化了我们对当地苗族游耕作业的认识和理解。结合当前的田野调查和考古发掘,进而使我们有可能发现,当地苗族文化对所处特殊生态环境的适应。

清雍正年间,朝廷发动大规模改土归流运动。在这场政治巨变中,残存的土司势力进一步削弱,同时不少长期形同“化外”的所谓“生界”也正式纳入了国家的直接统治。此前的麻山地区就属于所谓的“生界”之一。清代典籍声称当地苗族是自愿归属朝廷,这片新开辟的土地随即划归安顺府统辖,并为此新增了归化厅来管理他们。⑥ 其后清廷实行了一系列奖励发展经济的措施,鼓励当地苗族、布依族普遍种植棉麻等经济作物,以便换取当时通用的货币——银两,确保这批新归附的苗族居民有能力缴纳“地丁银”。这一举措在正史中被渲染为照顾边民、发展生产的明智之举。然而当事双方均未意识到,这一举措会成为诱发土地石漠化的发端

---

① [宋]范成大原著,胡起望,覃光广 校注. 桂海虞衡志辑佚校注[M]. 成都:四川民族出版社,1986.

② 元史,二十五史(合定本)第9册. 上海:上海古籍出版,1986年.

③ 杨庭硕. 人群代码的历时过程——苗族族名支系名递变总表[M]. 贵阳:贵州人民出版社,1998.

④ [明]田汝成. 炎徼纪闻 卷四 蛮夷. 借月山房汇钞本.

⑤ 杨庭硕,潘成之. 百苗抄本汇编[M]. 贵阳:贵州人民出版社,2004.

⑥ [清]爱必达,杜文铎等点校. 黔南识略(卷四之归化通判),黔南识略 黔南职方纪略. 贵阳:贵州人民出版社,1992.

之一。

原先当地苗族是将麻山地区的土地资源分成三种类型去加以利用。其一，峰丛洼地间的石山山脊地段土层薄，地势高，地下水位低，无法支撑高大乔木的生长,只能发育出疏林草坡。这里是他们用来作刀耕火种的场所，投入少而收益大。一年一度的纵火焚山,有助于植被的更新,并能加快石灰岩的成土速度。在当时的技术条件下，不失为一种可持续的资源利用方式。其二，峰丛洼地的陡坡地段经过长期的水土积淀后,可以发育出茂密的森林，形成一个物种丰富的野生生物资源库藏。当地苗族决不会触动这一森林带，而是将其作为狩猎采集的场所。其三,在自然状况下,峰丛洼地的底部会形成溶蚀湖和浅水沼泽。当地苗族将这样的溶蚀湖作为旱季水源,并狩猎各种候鸟。不难看出,这样一套传统的资源利用模式巧妙地避开当地生态系统的五大脆弱环节,因而在高效利用的同时，很少诱发不可逆的生态灾变。这是一种直到今天仍具有借鉴意义的传统生态智慧。

当地苗族的传统生产方式也能产出一些其他民族需求的产品,如构树皮、蜂蜜、生漆、桐油和各种野生动植物产品。改土归流前，这些产品都要通过周边布依族和彝族土司转卖到内地。改土归流后，才有汉族客商集中收购。从短期效应看，汉族客商和当地苗族都能获得很大利益。但从长远看，却形成了竭泽而渔的祸端。麻山地区地域有限，而内地对相关产品的需求量极大,因此原先有节制利用的森林资源,出现了被过度利用的迹象，造成陡坡林带逐步被蚕食的局面。

推广种植棉麻的后果，也非始料所及。推广棉麻的初衷确实用心良苦。遗憾之处在于对当地特殊的生态环境缺乏正确的理解。高度发育的峰丛洼地山区，根本找不到连片而稳定的土地资源。棉麻种植需要土层丰厚,排水良好,土壤肥沃的连片土地。而这一地区能够勉强满足棉麻种植的土地资源,仅限于溶蚀洼地的底部。要推广棉麻种植,唯一的办法是凿通地漏斗排干溶蚀湖,在原先的湖底上种植棉麻。这种做法从短期看十分有利,但若把眼光放远,就会发现这正是当地土地石漠化的导因之一。地漏斗一经凿穿,在重力和流水驱动下,当地宝贵的土壤资源就会通过地漏斗迅速地泻入地下溶洞。严重时,溶蚀盆地底部的土壤会流失殆尽,在旱季时连饮用水也找不到。[①] 当然，这是一个缓慢的发展过程，今天麻山地区土地石漠化正是两百年来恶性积累的总结果。

凭借当代的田野调查资料和当地苗族古代穴居遗址和崖丧洞遗址的考古资料清理，再辅以当地居民的相关传说，我们基本上可以做到对改土归流前的苗族生计状况加以复原。当时的苗族生计状况，具有如下一些特点。

首先，当地的居民是将他们生息区的生态背景严格区分为三大类。其一，峰丛洼地间的石灰岩山脊。他们在这样的地段实施刀耕火种，耕作区段轮歇期间则改作牧场使用。其二，将环形石山的陡坡地段长期保持原始丛林景观，绝不无序砍伐。这一地段主要是供作狩猎采集场所。他们居住的山洞和安丧死者的崖洞就分布在这一区段，隐藏在丛林之中。其三，溶蚀盆地底部的天然溶蚀湖或浅水湿地，由于每年都有候鸟光顾，自然成了他们的狩猎和捞捕场，也是冬季缺水时，人畜饮水的稳定水源。

将山脊地段用作刀耕火种场所，是一种明智的选择。因为在这样的区段，在自然状况下，只能发育出疏树灌丛草地来。用环首刀清除这些灌丛和小树，非常省工省事，劳动力投入量并不大，但由于石缝中夹有泥土，可以支持耐旱农作物的生长，因而收入十分稳定。出于耕作方便的需要，他们当时的主种作物是小米、红稗、乔籽、高粱、天星米一类的耐旱作物。这样的作物由于种子的颗粒很小，撒进了石缝后，不会被雨水冲走。但耕作的困难在于，杂草会和农作物一道生长，清除杂草是当时最重的农活。由于杂草和农作物都密集生长在石缝中，使用任何农具都无法清除杂草，当时清除杂草都是用手拔，这就是田汝成在《炎徼纪闻》中所说的"耰而不耘"。此处所说的"耰"是指用简单的农具凿土播种，所谓"不耘"是指不用农具除草，而是用手拔草。他们的收割并不是将农作物全株割下，而是用摘刀摘取农作物的穗。从事这样的刀耕火种，若以单位面积算，产量十分低下，但因为火焚清理耕地后，杂草的生长要受到岩山的制约，因而除草的劳动力投入虽然较大，但其他农事活动的劳动力投入却十分有限。就总体而言，仍然是一种有利可图的可持续

① 唐合亮. 黔南布依族苗族自治州生态环境状况调查，贵州省民族研究所，贵州省民族研究学会. 贵州民族调查(之卷十八)，2000 年.

的生计方式。他们的这种生计方式,在明代文人的诗歌中可以得到十分形象的反映。明代江进之在《在黔中杂吟》中就有如下的记载:“耕山处处皆凭火,出户无人不带刀”,又说“绝壁烧痕随雨绿,来年禾肥入春香”。当然,这样的诗歌所涉及的信息过于粗疏,无法全面揭示这种刀耕火种的实情。

今天的学人由于在观念中习惯性的认定刀耕火种是粗放的原始农业,因而不加细究地指斥这样的刀耕火种是破坏山林,导致生态蜕变的祸根,因而需要全面地禁止任何形式的刀耕火种。在峰丛洼地的环形石山山脊从事耐旱作物的刀耕火种,利大于弊。[①] 一方面,通过火焚,可以将石灰岩崩解,将表层烧成石灰,有利于在降水的作用下,迅速分解为土壤基质,能够有效地补充喀斯特山区来之不易的土壤来源。另一方面,在这样的石山山脊,石缝中夹杂的土壤极为有限,野生植物特别是灌丛和乔木,由于需水量较大,根本无法形成茂密的丛林,即使不刀耕火种,长出的树木也是千年不长的“老头树”。灌丛在旱季时,都会自然落叶。事实上,其生长样态仅是苟延残喘而已。密集的农作物撒播,只要抓住降雨前的有利时机,农作物生长的速度就会比野生植物快,而且长大后,能有效地抑制野生杂草的生长。因而,说刀耕火种会摧毁丛林,在这样的地段缺乏基本事实根据。再一方面,由于这样的刀耕火种没有触动陡坡区段的山地丛林,因而即使强降雨造成水土流失,下泻的土粒会被陡坡丛林完全截留,不断地增厚陡坡地段的丛林,而不会白白的泻入地下溶洞。再者,山脊地段的石山区,土壤都紧紧地镶嵌在石缝中,还有野生植物和农作物的根系护持,一般性的强降雨并不会造成土壤基质的流失。因而指责在这样的区段实施刀耕火种会造成大面积的水土流失,同样缺乏事实根据,因为在这样的地段基本上无土可失。

实施这样的刀耕火种,还有另外一个特点,那就是形成的产品品种多而每一种产品的批量都不大。除了禾本科农作物外,苋科的天星米,黎科的乔籽,豆科的小豆和绿豆,都能用这种办法种植。[②] 但当地苗族往往是利用不同农作物生长季长

① 蒋忠诚,李先琨,曾馥平,邱泗杰,邓艳,罗为群,覃小群,谢运球,蓝芙宁. 岩溶峰丛山地脆弱生态系统重建技术研究,地球学报,2009 年 4 月,第 30 卷第 2 期,第 155 – 166 页.

② 杨庭硕. 论外来物种引入之生态后果与初衷的背离——以“改土归流”后贵州麻山地区生态退变史为例,云南师范大学学报,2010 年 1 月,第 42 卷第 1 期,第 37 – 42 页.

短的差异，实施强制性的多种农作物混合播种，以便拉开收割时间差，不断地补充粮食的空缺。当然这样的产品很难纳入国家的正式税收体制，这也正是麻山地区长期处于“生界”的社会原因之一。

在山脊地段除了实施旱地刀耕火种外，当地苗族还在轮歇期间喂养牲畜。主要畜种是马、牛、羊和鸡、狗。这些牲畜都是靠野生灌丛和农作物秸秆为生，也可以在陡坡丛林中觅食，饲草并不缺乏。但旱季时牲畜饮水却必须下到峰丛洼地底部的溶蚀湖和浅水沼泽才行。[①] 为此，当地苗族都会在陡坡丛林中开辟出供人畜通行的石体通道来。当地苗族无论是奔丧、嫁娶，都要用牛马等大牲畜作为聘礼或祭品。举办这些礼仪，所使用的牲畜数量庞大。清代文人由于注意他们的丧礼都以杀牛或杀马为祭，因而将他们称为“砍马苗”，详情见载于清代所编的《安顺府志》。以牛马为祭品的丧葬礼仪，至今还在延续之中。现存的崖丧洞遗址中，也能找到牛角和马骨等祭品残骸。这些情况都足以证明，这里的苗族在古代的肉食品供应并不缺乏。

陡峭石山上发育出的山地丛林，在早年是当地苗族的狩猎和采集场。由于这里的生物物种极富多样性，因而可供狩猎采集的产品也具有种类多而批量小的特点。早年他们狩猎采集过哪些动植物，目前已难以证实。但这些狩猎采集的产品，通过布依族外销者却在文献记载中留下了痕迹。举其大者，就包括构树皮、桐油、白蜡、蜂蜜、棕片、五倍子等土特产。构树皮被转销到内地后，主要是用作优质纸的造纸原料，桐油则是作涂料使用，白蜡是用作包装材料或蜡烛原料，棕片则是重要的绳索用料。在当地的民间传说中，不少爱情故事都牵涉到收购土特产的布依族男青年与苗族少女的恋情。值得一提的是，这些土特产品直到20世纪中期，还具有很大的经济价值，当地居民获取银两作装饰品的经济来源就靠这些土特产作支撑。

当地苗族狩猎采集的生物种类极其浩繁。除了习见的动植物外，很多种藤蔓植物的地下块根都是取食对象，竹笋和蕨类植物的采食极为普遍。此外，多种昆虫

---

① 蒋忠诚，李先琨，曾馥平，邱洄杰，邓艳，罗为群，覃小群，谢运球，蓝芙宁. 岩溶峰丛山地脆弱生态系统重建技术研究，地球学报，2009年4月，第30卷第2期，第155－166页.

和两栖纲、爬行纲动物，以及多种软体纲动物都是当地苗族习见的食品。这些内容很难用异民族的眼光获得全面的认识。至今仍有不少学人很难相信，在这样的丛林中随地可以采集到食品和纤维用料。但这种采食对当地苗族而言，却习以为常，不足为怪，并成为他们的常规食物来源之一。

麻山地区天然溶蚀湖的普遍存在，以及靠溶蚀湖储备水源，供旱季使用的切实可行，也是学术界怀疑的焦点。不少学人很难相信，在今天"水比酒还贵"的麻山，在早年并未因饮水而发愁。然而，对当代溶蚀盆地底部的探方发掘，却可以轻而易举的证实，溶蚀湖在古代麻山地区并不缺乏。因为，在这些探访中，随处可以找到湖相沉积的淤泥，以及按颗粒大小有序沉积的岩石碎屑，这些沉积方式不表现为岩石碎屑与土壤的无序混杂。足以证实这样的峰丛洼地底部，早年都有大小不等的溶蚀湖和浅水湿地。《百苗图》"克孟牯羊苗"条醒目地描绘了苗族妇女在溶蚀湖的底部汲水的情景，足资佐证早年的麻山地区饮水资源并不像今天这样艰难。[①] 溶蚀湖的存在，会召来大量的越冬候鸟，使溶蚀盆地的底部成为当地苗族猎食候鸟的狩猎场，对他们的社会经济起到一定的支持作用。

通过上述早年苗族生计方式的复原，我们不难看出，当年的这些生计方式都属于不动土或者较少动土的资源利用办法，也是尽可能保持原生生态面貌的谋生手段。[②] 因此，在获取生存资源的同时，并不会冲击当地生态系统的五大脆弱环节，相应的石漠化生态灾变也就不可能发生。因而，当代麻山地区的高度石漠化灾变显然不是麻山亚支系苗族文化正常运行的产物，只能是在族际社会合力的胁迫下，扭曲运行的恶果。这样的恶果发端于改土归流之后，原因在于，改土归流后，政府的行政权力可以运用强大的社会合力，诱使当地苗族改变传统的资源利用方式，而这样的改变又恰好冲击了当地生态系统脆弱环节，才造成了石漠化灾变的隐患。但大面积石漠化成为事实则是长期积累的后果。

改土归流后，清廷鉴于这批新归附的苗族其常规产品很难纳入国家税收体制，

---

① 石建中.〈百苗图〉与苗族的历史和文化，中央民族大学学报（社会科学版），1997 年第 1 期（总第 110 期），第 48 – 53 页.

② 罗康隆. 麻山地区苗族复合生计克服"缺水少土"的传统生态智慧，云南师范大学学报（哲学社会科学版），2011 年 1 月，第 43 卷第 1 期，第 34 – 39 页.

因而采取了一种变通措施，就是用政府的行政力量在麻山地区推广种植棉麻等经济作物。由于这些作物形成的产品，内地十分急需，市场容量大，在交通不便的当时，产品又易于运输，出售这些产品可以从内地换回银两，支持这些新归附的苗族完纳“地丁银”。单就短期效益而言，完全可以说得上是一举三得的便民之举。然而，推广种植棉麻的后果，却非始料所及。①

改土归流后，当地苗族生计还发生了另一种巨变。由于土特产品的自我消费和市场出售间的差距甚大，出售土特产品换取粮食十分合算。因此，在陡坡地段毁林开荒有利可图。早年苗族的食品结构与其他游耕民族一样，取食的动植物种类多达数百种，同时每种食物的产量都不高，能长期储存的食物数量十分有限。他们需根据季节变化，不断改变取食对象，从而确保食物供应的充裕和平稳。在方便储存的粮食品种引入之后，情况则不同了。生计方式改变的一个明显标志是居住场所的下移。当地苗族从原先居住的半山岩洞迁出，陆续定居到溶蚀盆地底部。推动这一变化有多重原因。一方面，经济价值很高的新辟麻园需要就近照看。另一方面，地漏斗凿通后，地下水位下降，定居溶蚀盆地底部便于在旱季取水。更重要的原因在于，随着其他民族成员进入麻山地区越来越频繁，因此形成了一系列不安定因素。密集在溶蚀盆地底部定居也是出于安全的考虑。这一过程持续了一百多年。居住区巨变的后果，同样是始料所不及。

密集定居溶蚀盆地底部的前提之一是，能够通过出售大量的麻类，换取耐储存的粮食，保证密集人口的粮食供应。而一旦密集定居，原先分散取食的游耕生计模式就会受到抑制，逐步养成必须依赖耐储存粮食为生的习惯。由于能够出售的产品主要依赖于麻，市场麻类价格的波动会对他们的生计造成致命的冲击。为了确保生计的稳定，他们不得不从依赖粮食进口，转而开始种植粮食以自给。但溶蚀盆地底部的土地资源极为有限，粮麻争地成了资源利用上的主要矛盾。缓解这一矛盾的唯一出路，只能是向山林开刀，陆续毁林开荒。这也是一个缓慢积累的过程，开始并没有明显的负面效应，但随着毁林面积的扩大，陡坡地段失去了植被的荫

① 杨成. 外来农作物的引入及其诱发的生态后果研究，内蒙古农业大学学报(社会科学版)，2009年第2期(第11卷总第44期)，第347－349页.

庇，水土流失愈演愈烈。加上农田建构和反复耕作松动了基岩和土层结构，更扩大了地表和地下溶洞间的通道，水土流失更其加剧。长期积累后，陡坡地段必然呈现大面积石漠化。与此同时，原先经济效益较高的狩猎和采集产品也因森林被毁而无法获得，人们的生活随即陷入贫困。为了维持基本温饱，只能更大规模毁林开荒。麻山地区苗族居民就此陷入了生计怪圈，越垦越贫，越贫越垦，越垦生态环境越恶化。①

## 第三节　麻山地区生态环境恶化文化成因分析

麻山地区土地石漠化的历史过程，从表面上看同某些政策的实施存在关联，但土地石漠化并不是政治变动的直接后果。政策制订和执行者的初衷并无恶意，而是执行的后果超出了原先的设想。之所以产生这样的后果，其根本原因在于民族文化引进上的失误。以不适应当地生态环境的汉族农耕方式作为政策执行的蓝本，试图在喀斯特峰丛洼地上建构连片的固定农田。这样的农田建构在无意中恰好冲击了当地生态环境的五大脆弱环节，致使大面积石漠化灾变与麻山地区结下不解之缘。

人不是消极地顺应自然，人适应自然环境而创造文化，就如江河沿岸的居民自身的生存和发展，必须要造船和织网打鱼，而居住在高原高山地区的居民就不可能有这种文化意识，由于苗族同胞多生活在生境恶劣的山区，自古以来就有“苗家坐山头，仲家坐水头”的说法，因而送出了他们在思想的极端落后，对自然资源进行掠奇式开发，祖辈的刀耕火种在不少地方仍在沿用，在麻山地区我们就常能见到一些用火烧过的大片光秃秃的荒山这些行为的发生无疑会造成严重的水土流失，生境不断亚化的严重后果，到最后就只能是越垦越穷、越穷越垦的恶性循环了，所以落后的苗族文化使得其生境遭受的是最原始的盘剥，文化自然将影响环境质量的好坏。②

---

① 张清海，林昌虎，何腾兵. 贵州喀斯特山区水土流失因素与生态修复对策探讨，贵州科学，2006 年 9 月，第 24 卷第 3 期，第 62 - 74 页.

② 廖静琳. 贵州苗族文化生态初探，安顺师专学报，第 2 卷，第 2 期，第 82 - 86 页.

图4.3.1　火烧痕迹(杨成摄)

在古代,苗族先民生息在喀斯特山区的疏林灌草地带。这样的地带一般位于山顶或土层极薄的陡坡地段,他们依靠游耕和狩猎采集为生。为了适应这种特殊的生态环境,他们建构了一套能通过地表植物物种和植物的生长态势判断土层厚薄的技术。凭借这一技术技能,他们能在高度石漠化的山地上找到苗木的最佳立地位置,使种下的苗木快速成活和郁闭成林,以便再次实施刀耕火种。

他们所生产的粮食品种多而单种作物的产量少,加上他们所生产的粮食不符合政府规定的纳税用粮规格,因而古代的封建王朝对他们抱有歧视和偏见。在政治权力的驱动下,这种歧视和偏见也在社会中扩散开去,挫伤了他们的自尊和自信,这对于他们的地方性知识传承造成了很不利的影响,不少苗族居民放弃了传统的资源利用办法,效仿汉族大面积毁林去建构连片的梯土或梯田。然而,在喀斯特山区地表土层很薄,地下溶洞伏流众多,大面积开垦梯土很容易打穿地表和地下溶洞间的缝隙,诱发严重的水土流失。这一过程在经历200多年后,到了20世纪中期,不少苗族的栖息地严重石漠化。在最严重的地段,岩石和砾石的裸露率超过

70%。这样的生态灾变加剧了当地苗族居民的贫困。①

据文献记载,麻山地区在17世纪以前,甚至在新中国成立前,这里森林茂密,覆盖率超过80%,生态环境仍然十分优良。直到清雍正改土归流后,麻山地区的文化误用事实就被逐渐积累起来。大致而言经过了如下几个阶段。首先是始于明代、盛于清代在麻山地区大力推行“麻”的种植。其次是始于清代,盛于20世纪80年代。在麻山地区推行“玉米”种植。再次是始于20世纪90年代,目前还在进行的炸石掏土,营建梯田,种植水稻、经济作物。

然而,从明代开始,一直持续到今天在麻山地区的开发,都是在该地区的“文化误用”,对麻山地区的生态系统造成了生态灾变。② 由于要栽麻,就需要戳穿地漏斗,排干溶蚀湖,在排干了的溶蚀湖区种植生麻自然获得了高产,但是,麻山喀斯特山区的积雨机制破坏,大气降雨不能滞留在溶蚀湖了,而是直接进入地下暗河、溶洞。出现了天空降雨不见雨,雨过天晴就缺水的局面。

推广麻类种植并没有全面窒息了当地苗族的传统生计,仅仅是极其有限地影响到纤维作物的生产。在改土归流后一百多年的岁月里,当地居民的食物来源,一直沿袭着远古的传统,靠刀耕火种、畜牧和狩猎采集等方式提供食物来源,能够种植的作物也以规模小、品种多、产品难以与外界交流为其主要特点。长期传承的作物品种有小米、红稗、燕麦、天星米、薏仁米和各种豆类作物。当地居民生产这些粮食作物的成本很低,综合产出水平并不低,而且可以利用山脊地段的劣质土地生产粮食,能做到基本生活有保障。但困难在于这样的粮食作物品种太多,每一个品种都不能形成批量,因而很难在外部市场稳定销售。更麻烦之处,这样的粮食产品对麻山以外的各族居民而言,有的难以接受,比如天星米;有的则需求不稳定,比如薏仁米,外界主要是作药材使用,因而销路不畅;有的作物在加工成食品时十分繁难,外界居民也很难接受,如红稗就是如此。

清廷在麻山地区推广麻类种植成功后,鉴于当地居民的食物并不缺乏,因而也

---

① 杨庭硕. 地方性知识的扭曲、缺失和复原——以中国西南地区的三个少数民族为例,吉首大学学报(社会科学版),第26卷,第2期,第62-84页.

② 翁家烈.《贵州民族地区脱贫之路绪论》,贵州省民族研究所,贵州省民族研究学会《贵州民族调查》(卷14),《贵州民族地区脱贫之路调查专辑》,2000年,内部资料.

无需考虑引种粮食作物。结果使得麻山地区在其后一百多年间,粮食作物的生产并未发生明显的改观。但随着麻山地区与外界交流的扩大,粮食生产不能与外界接轨,而逐步演化成了一个严峻的问题。

辛亥革命后,清廷长期执行的"地丁银"制度就此中断,而新起的地方军阀处于解决军粮需求的紧迫性,因而在施政中不再依赖银两的流通去稳定税源,而是直接征收粮食以满足军需。① 这一时局的巨变,导致了多重性的后果。一方面,依存传统的麻类种植,由于效益下滑而逐步萎缩;另一方面,按规范缴纳粮食完税,他们能提供的粮食又不能与税赋的规定相吻合。再一方面,如果按照统一税制要求提供粮食产品完税,就意味着他们必须引种新的粮食作物品种。事实上,政策的转变既迅猛又严厉。作为弱势群体的麻山地区苗族,显然不具备应变环境巨变的潜力。在新的税制面前,他们被迫低价出售传统产品,向周边的布依族势力集团如残存的土司或亭目首领换标准的粮食来完税。这一时局变动,也因此而造就了一批微型的地方势力集团,如号称"四大天王"的布依族势力集团,如号称"小罗山"的苗族势力集团,就是如此。面对这一不利的形势,最终迫使当地的民族不得不引种外地传入的玉米和红薯等粮食作物。

**图 4.3.2　引种玉米(杨成摄)**

① 杨庭硕. 相际经营原理[M]. 贵阳: 贵州民族出版社, 1995:507-516.

引种工作的最终完成于抗战期间。当时国民政府的军队云集云贵高原，除了军粮需求外，军马饲料的需求量也很大，以至于当地政府不得不着手在麻山推广玉米种植，当地的苗族居民也迫于粮食交换不利形势的压力，也乐于接受这样的政策。最终在20世纪40年代，玉米种植的面积开始超过了粮食播种面积的一半①（如表1）。但结果却诱发了当地严峻的生态灾变。

**表1 紫云县各种农作物产量表②**

| 民国26年（1937年）统计 | 耕种面积（市亩） | 前半年实存量（担） | 本地输入（担） | 外地输入（担） | 本地食用（担） | 输往外地（担） | 现在实存量（担） |
|---|---|---|---|---|---|---|---|
| 小米 | 4250 | | 4250 | | 2550 | | 1311 |
| 高粱 | 2869 | 0 | 2869 | 0 | 1722 | 0 | 1700 |
| 甘薯 | 412 | 0 | 412 | 0 | 248 | 0 | 1147 |
| 大豆 | 30359 | 0 | 30359 | 0 | 18216 | 0 | 12143 |
| 玉米 | 23330 | 0 | 23330 | 0 | 14000 | 0 | 9330 |
| 大麦 | 2000亩 | | 12000 | | 9230 | | 2770 |
| 小麦 | 3000亩 | | 18000 | | 1320 | | 5680 |
| 大米 | | | 392620市担 | | 392620市担 | | 每市担价格6.03 |
| 棉花 | | | 1400担（年产） | | | | |

玉米的产量虽然很高，但玉米是一种直立的高杆农作物，大面积种植玉米，在生长季的早期，不能有效覆盖地表，这对于土层深厚的平原地带不会构成威胁。但对于麻山地区则不然，由于在麻山地区地表石多土少，可以利用的土壤不是暴露在地表，而是夹存在岩缝中。种植玉米也只能在这样的岩缝开口处点种。由于玉米存活后，不能对地表形成有效的披覆，这就诱发为多重的生态恶果。一方面，如一场暴雨，表土容易被冲刷；另一方面，遇到晴天时，阳光直射岩石又会导致急剧升温，不仅对玉米生长不利，还会导致当地稀缺水资源的极大浪费。更头疼的是，扩

① 佟屏亚．玉米传入对中国近代农业生产的影响，古今农业，2001年，第2期，第60－65页．

② 资料来源，张肖梅，贵州经济，中国国民经济研究所，1939年，第17－26页．其中大米的数据为民国27年（1938年）的调查数据．

大玉米种植往往得以牺牲山地丛林为代价，因为山地丛林破坏后留下的陡坡坡面去种植玉米。这三个方面的综合作用，最终导致随着玉米面积种植的扩大，当地的原生植被日趋萎缩，水土流失严重失控，最终积累成当前所看到的高度石漠化灾变①。

图 4.3.3　坡改梯田（杨成摄）

引种玉米或其他经济作物后，使作物种植单一化，在耕作中对伴生物种，尤其是藤蔓类、丛生类植物的清除，使得地表覆盖度降低，造成地表的无序增温。尤其是引种作物需要翻耕与动土，造成本来就很少的泥土随雨水流走，石漠化日趋严重。再次，在麻山地区推行"坡改梯"营造"梯田"，这种建构梯土，填满梯土才植树或者引水灌溉，甚至是用炸药炸成坑来，再填土种树，其耗费的人力、物力代价都是任何意义上的投资和技术难以填满的无底洞。如果用这样的办法即使种活了树，这样建构的人为生存基础，还不能稳定。炸松了的基岩还会坍塌，修出来的梯土还会被雨水冲毁，千辛万苦抬上去的土壤还会水流土失。②

当地苗族居民面对玉米种植引发的灾变，也采取了积极的应对措施，他们在玉米地中配种了多种藤蔓植物，其中有的是引种的作物，如南瓜、红薯、菜豆等，有的则是传统的粮食作物，如饭豆、懒豆等，有的则是半驯化的野生植物，如乔菜和何首乌等。这种混合种植的好处在于提高了地表的覆盖度，降低了岩石在阳光下无序增温，也可以发挥抑制流失冲刷地表的有害过程，同时，还能增加粮食和饲料的产

① 张祥稳，惠富平．清代中晚期山地种植玉米引发的水土流失及其遏止措施，中国农史，2006 年，第 3 期，第 13－21 页．

② 罗康隆．论苗族传统生态知识在区域生态维护中的价值——以贵州麻山为例，思想战线，2010 年，第 36 卷，第 2 期，第 40－44 页．

出水平。

然而，由于当地自然地理的本底特征的作用，不管作出什么样的努力，依然难以回避其间的脆弱环节，具体表现为当地玉米的产量一直低下，近年来，不得不依靠大量的化肥投入才能维持产量。与此同时，水土流失的势头还不能有效控制。这正是当前麻山一直是贫困区的生态原因，以及其特有的历史发育过程。

纵观麻山地区石漠化灾变的酿成史，如下一些结论在今天仍然具有启迪价值：其一，外来作物的引种，即使取得成功，其派生的生态副作用，也不能掉以轻心。其二，促成外来植物引进的原动力往往不取决于引种者本身的本意，而是众多社会因素综合作用的产物。但导致的生态后果又会无情地落到当地居民的头上。不管引种时的动机多么良好，考虑多么周详，其历史后果往往总是体现为智者千虑必有一失，或者说生态灾变的酿成往往具有隐含性，因而常常被当事者所忽略。其三，各民族传统生计方式是当地居民长期适应生态环境的产物，当地的生态环境演化的速度比人类社会的演化速度要慢得多，因而这样的传统生计必然具有长效性，同时也不缺乏科学性和合理性。[①]

目前国内有不少学者，将当地土地石漠化的成因，归咎于清末民初军阀混战中的人为毁林，或者是二十世纪五六十年代的开荒毁林。在弄清了当地土地石漠化的发育过程后，就不难发现上述两个因素只是加快了石漠化的进程，而不是土地资源利用失当的导因。当地土地石漠化其实是不适当地引入外来文化要素，改变适应当地生态环境的传统生计方式，导致苗族生态智能和技能缺失经长期积累后形成的恶果。

生态灾变主要导因于人类文化对生态资源的不合理利用，尤其是民族文化的误用，或是文化霸权的结果。因此，人类化解生态灾变的对策，就需要借助文化的力量，去改变对生态系统的利用方式，以提高民族文化对所处生态系统的适应能力，在利用的过程中确保文化与生态系统的耦合性，使其生态系统得以稳态延续。在地球上自然形成的各类生态系统，其本身就具有稳态延续的禀赋，尽管生态系统

① 杨成. 外来农作物的引入及其诱发的生态后果研究，2009 年，第 2 期（第 11 卷总第 44 期），第 347 - 349页.

自身也会发生演替，但其演替的时间极为漫长，一般不会影响到民族文化的正常延续与正常生活。问题在于任何一个民族在谋求自身发展的过程中，都会高效凝聚社会力量，这样人类就必然对其所处的生态环境进行加工与利用，使生态系统在一定程度上改性，使之更适应该民族生存与发展的需要。当然，如果民族文化对生态系统的改性没有冲击到该生态系统的脆弱环节，那么，该民族所处生态系统仍然可以与其文化保持耦合性，使其生态系统稳态延续能力得以持续，从而也使得相关民族文化得以稳态延续，这是人与自然和谐的理想状态，也是生态维护的理想目标。相反地，如果人类社会存在直接或间接地冲击生态系统的脆弱环节，或者这种冲击表现为无序状态，导致生态系统的快速演替，以致相关民族文化不能正常地利用所处的生态系统，那就酿成了生态灾变。相关民族由于无法利用改性的生态系统或者跟不上生态改性的速度，生存必然受到极大的威胁。可以说，生态灾变本无灾变，只是人类文化对生态系统的不合理利用而演变的“人为生态灾变”而已。因此，人为缓解甚至化解生态灾变的对策就在于借助民族文化的力量去调适与改变对生态系统的利用方式，修正各民族文化对生态系统造成冲击而使之演化为灾变的文化要素，在文化与生态系统的调适中不断提高民族对所处生态系统的适应能力，在高效利用生态资源的过程中实现对生态系统的精心维护。而目前对生态灾变的偏颇正在于轻率地动用社会力量强制实施生态改性，并因此冲击到所处生态系统的脆弱环节，以致于相关生态系统失去了稳态延续的能力。从而导致相关民族文化的失范，不仅救不了灾，反而造成了更大的生态灾难。化解生态灾变的最高境界只能是在高效利用生态系统的同时，谋求所处生态系统的稳态延续，使高效利用与精心维护两全其美。随着生态系统和利用方式多样化并存达成制衡格局，人类的生存安全才有保障，人类的可持续发展才会成为可能。①

总而言之，所谓脆弱生态系统并非一切构成要素均脆弱，而只是其中某几个环节具有脆弱性。如果相关文化对生物资源的利用可以避开这些脆弱环节，则该文

① 罗康隆. 地方性知识与生存安全——以贵州麻山苗族治理石漠化灾变为例，云南民族大学学报，2011年，第7期，第6－12页.

化在当地就获得了极高的适应能力，即使高度密集利用，生态系统也不会呈现脆弱性。相反地，若相关文化对资源的利用直接冲击了脆弱环节，那么即使轻度利用，脆弱性也会暴露出来。引入汉文化正好属于后者，这才是麻山地区石漠化灾变的终极成因。

# 第五章　麻山地区生态建设及扶贫开发的困境

中国西南喀斯特山区的大面积土地石漠化，早就引起了人民政府的高度关注。二十多年来，政府一直在采取各种积极措施，力图遏制土地石漠化的势头，对已经石漠化的土地则推行各种生态恢复措施。然而这些措施的成效并不理想，生态恢复的工作往往是事倍功半，而新露头的土地石漠化还在持续。为此，我们不得不全面审视当前执行的各种生态建设措施，总结其中的利弊得失，进而找到摆脱困境的出路。

## 第一节　三种生态建设对策存在的缺陷

从技术层面上讲，已经采用的如下三种对策均存在着严重的缺陷。

第一种对策是，人们一提到生态恢复，上至各级行政领导，下迄普通群众，包括不少技术工程人员，众口一词的主张就是植树种草，退耕还林。① 这样的主张对于水土资源稳定，植被破坏未久的地区无疑是行之有效的好办法，但在麻山地区却行不通。一则，这里的水土流失具有不可逆性，当地原生的土壤一旦流失殆尽，基岩裸露，种草种树就失去了着生的基础，即使不惜工本，勉强种树种草也很难成活，即使成活也难以长大，只能在石缝间留下长不大的“老头树”。二则，已经石漠化的荒坡，由于失去了植被荫庇，水土资源还会日复一日地流失下去。灌草和乔木的生长如果赶不上抑制水土流失的速度，种上的草木还会连同土壤一道被水冲走。三

① 谢家雍. 西南石漠化与生态重建[M]. 贵阳：贵州民族出版社，2001.

则，对高度石漠化的地段而言，事实上已无耕地可退，当地人们早就放弃了这些土地，人们目前尚在利用的地段恰恰是石漠化尚不严重的地段。在这些地段草木可以勉强存活，但如果退耕，人们将失去基本的生活来源。即使动用法律手段，也无法真正退耕还林。为今之计，仅仅依靠植树种草的政策显然不具备可操作性。在技术层面上真正需要解决的难题是，如何在高度石漠化的地段确保植树种草成功。这显然需要特殊的技术和技能，而不是一般性的种植办法。这样的特殊技术和技能只能在当地苗族传统文化中才能找到。

**图 5.1.1 石缝中的老头树(杨成摄)**

第二项对策是，就地取材，以乱石砌埂，从石缝中掏土营建固定梯土。[1] 这种做法在其他山区行之有效，但在麻山地区却会派生意想不到的恶果。一则，这里山势过于陡峭，山体岩壁光滑，暴雨季节下泻的洪水会形成巨大冲力，可以轻而易举地冲垮乱石埂。历年来，不惜工本修筑的梯土大部分都被冲毁，就是明显的佐证。相反地，当地苗族沿等高线培育浅草带，却可以截留下泻的土壤，确保残存土壤可以支撑农作物种植。二则，取石、掏土都会破坏当地的山体结构，在无意中凿穿连

① 翁家烈，贵州民族地区脱贫之路绪论，贵州省民族研究所，贵州省民族研究学会，贵州民族调查（卷十四），贵州民族地区脱贫之路调查专辑，2000 年.

接地下溶洞的缝隙,形成新的水土流失通道。新修的梯土也无法阻止土壤资源的流失。尤其是用炸药开采石料的后果更加严重,松动的山体更容易崩塌。在麻山地区兴修梯土的过程中,就不乏梯土修成后,泉水枯竭的报道。地质结构的脆弱环节一旦受到冲击,往往会对人类施以无情的报复。三则,大面积从岩缝中掏土铺垫梯土,形成的梯土面积有限,却会导致更大面积的石漠化程度加剧。孤立于石漠化地带的耕地无法与周边环境保持物质能量的交换,土壤失去活力,如果没有化肥投入就无法维持土壤肥力。同时长出的作物也容易受到害虫的侵害。目前,麻山地区化肥农药的供应量居高不下,甚至农药化肥的成本投入比产品价格还高,政府若不优惠提供,粮食就会无法自给。至于由此而导致的食品污染,其祸患更是难以统计。四则,这样修筑的梯土就本质而言,可以说是一些大型“花盆”,保水能力低下,而当地每年都要遭受严重伏旱,因此作物收成无法得到保证。加上这样建构梯土,其工作量大而收效微,很难大面积推广。致使当地石漠化灾变救治长期徘徊不前。除了大官、大土等少数梯土营建样板外,在广大的麻山地区真正发挥效益的梯土极为罕见。

**图 5.1.2　孤立于石漠化地带的耕地(杨成摄)**

第三种对策是，针对麻山地区季节性干旱的现实，[①]动用工程技术措施在全境探寻水源，耗费巨资兴建提水工程，甚至是河流改道工程。然而当地有开发价值的水源，要么深藏在地表深处，要么距离聚居区太远，经费投入极大，在经济上无力支撑。而且河流改道和开凿灌溉渠，还会遇到漏水等技术难题。经过多次试行后，除了能缓解旱季饮用水外，当地珍稀的水资源很难在生产中发挥效应。真正有效的对策反倒是，发掘利用当地苗族修筑"小水窖"的办法。[②]

上述三项技术对策，在其他地区一般都能行之有效，但在麻山地区却冲击了当地地质结构的各种脆弱环节，因而不仅救治不了当地的土地石漠化，反而会加剧当地石漠化的程度。可见，一般性的技术措施在这里不能发挥作用，盲目投入常规技术措施往往会适得其反。

## 第二节 "易地扶贫"、"禁止刀耕火种"难以施行

从社会层面上讲，对付麻山地区石漠化就不得不考虑当地苗族群众的生存需求，必须不断提高当地苗族群众的基本生活质量，为此就得追加灾变救治经费。于是不少人主张最好将当地居民全部迁出麻山地区，到条件较好的地方定居，从而让已经石漠化的麻山地区逐步恢复原有植被。[③] 从理论上讲，这种做法最终是可行的，但恢复的进程极为缓慢，[④]至少需要一百年以上的时间。[⑤] 但要确保一个多世纪内无人重新进入麻山地区，从行政管理上看几乎没有可行性。此外，要将这么多的人口有计划搬迁，经济负荷极为沉重。而且在迁入地，新旧居民间还会诱发出新的社会矛盾，执行起来会困难重重。何况在中国的西南地区，闲置的土地资源极其有限，要安置数十万的麻山居民谈何容易。有鉴于此，"易地扶贫"的主张断断续

① 唐合亮. 黔南布依族苗族自治州生态环境状况调查，贵州省民族研究所，贵州省民族研究学会，贵州民族调查(之卷十八)，2000 年.

② 杨庭硕，吕永锋. 人类的根基，昆明：云南大学出版社，2004.

③ 谢家雍. 西南石漠化与生态重建[M]. 贵阳：贵州民族出版社，2001.

④ 刘燕华，李秀彬. 脆弱生态环境与可持续发展[M]. 北京：商务印书馆，2001.

⑤ 谢家雍. 西南石漠化与生态重建[M]. 贵阳：贵州民族出版社，2001.

续执行了十多年之后，真正迁出麻山地区的居民还不到总人数的1/10。与此同时，留在当地的居民，其人口的自然增长很快填补了迁出的人口。以社会手段救治麻山地区的石漠化灾变，同样陷入了困境。

从政策法律层面看，已执行过的救治方案同样难以成功。鉴于当地苗族至今尚部分沿袭刀耕火种生计方式，日常生活中又要消耗大量木材作燃料。在参考相关专家的建议后，当地政府出台了各种政策法令，比如明令禁止一切形式的"刀耕火种"，禁止在山上采伐树木作燃料等。作为政策执行的补充，有的政策还配套规定提供免费的化肥、农药和良种，补偿当地苗族停止刀耕火种带来的损失。还有的政策规定低价出售煤作为替代燃料，以便让当地苗族停止薪柴砍伐。从政策制订的角度看，上述政策的出台可谓是用心良苦，但问题在于他们没有考虑到当地生态结构的本底特征，也未注意到政策执行中的具体困难。因此上述政策最终不免成为一纸空文，无法执行到底。一方面，化肥、农药和良种真正发挥效益必须在水土资源结构相对稳定的环境中，麻山地区恰好并不具备这一前提。即使使用优质化肥、良种也无法收到预期成效。最糟的结果是化肥、良种等的投资成本，反而高于所能产生的粮食价值，经济上基本无利可图。政府一旦停止这些物资的免费或低价供应，相关政策的执行将立刻瘫痪。另一方面，在土地高度石漠化的地区，一半以上的生命体密集于耕作带内，化肥和农药的负面效应表现得既集中又严重，农药的应用往往会造成生物多样性大面积受损，而使用化肥会在两三年内造成耕作带土壤的板结。这两种副作用会进一步加剧对农药和化肥的依赖。目前相关县市的化肥农药投入一半以上流入了麻山地区，但其农产品的产值却不到相关县市总产值的1/10。同时，麻山地区对于化肥和农药的需求还在逐年增长。相关政策的执行，反而成了财政支出的黑洞。

此外，上述法令在执行中还存在操作上的困难。这里地广人稀，交通很不方便，要想有效监控是否真正停止了"刀耕火种"，单凭行政人员的管理根本无法做到。而当地苗族出于生计的考虑，不得不逃避政策的检查，变换不同的方式继续进行"刀耕火种"。事实上，各种用心良苦的政策和法令在20多年间始终未能发挥预期的作用。土地石漠化的范围一直在继续扩大，抑制土地石漠化的政策措施同样陷入困境。

避开上述各项救治对策的表面差异，不难发现，在这些对策的背后隐含着一种极为相似的定型思维模式。这样的定型思维模式若置于江河下游的平原地带,肯定会发挥重大的效益。但问题在于麻山的地质结构、生态结构和人文结构都具有其特异性,适用于平原地带的思维方式,并不适用于麻山地区。解决麻山的问题,还必须立足于麻山的实际。若就技术层面而言,上文提到的救治对策,就与麻山的客观事实有出入。举例说,麻山地区的年均降雨量从 1000mm 到 1400mm 不等,仅格往河河谷地带降雨量低于 1000mm。降雨量如此丰沛,还会出现旱季饮水困难,显然不能归结为天时,而只能归咎于地理。事实上,麻山不是缺水,而是多水。问题在于,在麻山如此多的降水,不是停留在地表,而是渗入到地下。解决麻山水资源匮缺的关键,显然不在于找水或者是引水,在麻山地区,溶洞中的水资源,无需去找,当地的老乡都知道,问题在于,从溶洞底部把水背上来,实在太不经济。一个壮汉需要耗费一天的时间,才能背回一桶水或一竹筒的水。麻山的问题是看得见水,而得不到水。并非真正无水,而需要去找水。至于引水,更是无从谈起。麻山本来就有丰沛的降雨,问题是在于降雨留不住,既然如此,要引水也会遇到同样的问题,引来的水也会留不住。麻山需要解决的关键问题,既不在找水,也不在引水,而在于把水留住。[①] 解决这一技术难题,并不需要高精尖的科学技术,而需要的仅仅是转换一下技术思路。

事实上,在麻山不少苗族乡民单凭将屋檐水富集起来,就轻而易举地解决了旱季的饮水问题。[②] 在麻山各地,不少家庭都有自己的储水窖,这些储水窖有的是用石板镶成,有的是将溶蚀坑底部的缝隙堵住后自然形成。他们面对的难题仅在于,难以保持水质的清洁。这样的问题,立足于今天的科学技术而言,其实是轻而易举就可以做到的事情。简单的过滤,或者用多孔材料吸附悬浮物,就可以得到妥善的解决。至于富集雨水的办法,同样不需要大兴土木。我们亲眼看见当地苗族乡民,仅仅是将农用薄膜铺在石头上,每次强降雨就可以富集好几吨淡水。问题在于,很多技术人员习惯于平原地带的打井取水,开渠引水的习惯性技术思维模式。与此

① 周亮广. 喀斯特地区水资源持续承载能力量化探讨, 滁州学院学报, 2008 年 5 月, 第 10 卷第 3 期, 第 101 - 104 页.

② 罗康隆. 麻山地区苗族复合生计克服"缺水少土"的传统生态智慧, 云南师范大学学报, 2011 年 1 月, 第 43 卷第 1 期, 第 34 - 39 页.

同时，仅凭感情出发，将当地乡民的这些保水措施指斥为粗陋和落后，没有想到，或者不愿意在当地苗族乡民已有的保水措施中，引入现代科技，提高水质。这才导致生搬硬套平原地区实施的技术路线的偏颇。

同样的道理，麻山地区农作物产量低，是不争的事实。但产量低的原因并不是缺肥，也不是缺少良种，缺的是水和土。因而，推广化肥、推广良种，在麻山地区毫无意义。事实上，我们在麻山调研期间，惊异地发现，当地苗族各家户所种植的玉米地，简直可以称得上是一个物种的博物馆。20 世纪 50 年代，广泛推广的白马牙、金皇后，这些当年的玉米良种，在其他地区早已绝迹，但在麻山却仍有不少家户在继续种植。进入 21 世纪后，农技部门又在麻山地区推广种植杂交玉米。然而，即使种植的杂交玉米，其产量与其他玉米差异并不大。原因正在于，麻山地区土层太薄，土壤中储存的水分不足以支撑玉米的正常生长，再好的玉米种子在这里生长也没有差别。

一个有趣的故事，对这种拼命推广良种的技术路线，也许是一个有益的警示。麻山的苗族居民也希望提高玉米产量，看到外地种植的玉米长得比自己种的好，也会主动的引进外地品种。① 但费尽心机引进后试种的结果表明，引进的“新品种”恰好是他们已经有的品种。而他们种植的玉米品种移到外地，产量都会倍增。看来麻山地区真是一个农作物良种的基因库或博物馆，但却不是产出粮食的基地。既然如此，还费尽心机推广良种，又有什么意义呢?

其实，若就麻山地区的生态结构特点而言，大面积种植玉米本身就是一个失误。原因在于，在高度石漠化的山坡上，日照十分强烈，岩石的比热又较低，在日照下升温特别快，从而导致岩石表面的温度，在强烈日照下，可以超过 50 摄氏度，由此而导致的蒸发量几乎与沙漠环境相等。在已经石漠化的麻山地区，最佳的农作物应当是低矮的蔓生植物，而不应当是高秆的直立农作物。这是因为，蔓生的农作物，即使种在石缝中，枝蔓可以匍伏延伸，将植株周围的岩石尽可能地覆盖。这就可以导致四重有利的后果。其一是，更能充分地利用日照，提高农作物产量。其二是，可以将裸露的岩石屏蔽起来，阻止表层空气的升温，从而有效地抑制了土壤中

① 杨庭硕. 论外来物种引入之生态后果与初衷的背离——以”改土归流”后贵州麻山地区生态退变史为例，云南师范大学学报，2010 年 1 月，第 42 卷第 1 期，第 37 – 42 页.

水分的无效蒸发。其三是,由于通过庇护后,地表空气与裸露岩石间形成了显著的温差,夜晚降温时,岩石表面会形成露珠,露珠回落土壤中,可以在一定程度上缓解旱情。其四是,蔓生植物荫庇后,可以为耐阴的低等植物创造生存环境。裸露岩石的低阴处会长出厚厚的苔藓层来,这样的低等植物,在下雨时能够富集大量的雨水,进一步缓解高度石漠化土地的旱情。但种玉米则不然,由于玉米植株高大直立,不能有效屏蔽裸露的岩石,无效地土壤水分蒸发与不种庄稼几乎无差别。以至于我们在麻山调查时,看到的景象几乎都是正午以后,所有的玉米都卷叶了。到了夜晚,玉米的叶子又重新舒展。日复一日的周期性脱水,才是这一地区无论什么样的优质良种,都只能长出鸡蛋大小的玉米来的根本原因所在。其实在麻山地区,当地苗族传统种植的很多农作物对当地的石漠化环境更具适应能力。比如,他们习惯于种植菜豆属的好几种农作物,如懒豆、饭豆、马料豆等,也广泛种植葫芦科的植物代替粮食。然而,在很多农技人员看来,这些植物只能作蔬菜,不能当作粮食种植。这才不遗余力地推广玉米种植。出现这样的怪现象,与其说是技术失误,倒不如说是观念上的偏颇。为什么我们只认定玉米是粮食,原因仅在于汉族地区早已把玉米当粮食用了,而却没有人将饭豆和懒豆当粮食用,因而不乐意接受当地农民已有的合理的农作物品种配置。

图 5.2.1　干旱的玉米杆(杨成摄)

建构梯土,也存在着同样的问题。当地苗族的传统耕作习惯是以“铁镈伐土,耰而不耘”。他们执行这样的耕作技术,完全是立足于当地石多地少的特殊地理环境,是看土下种,而不是普遍翻土再重点下种。以至于千百年来,他们并没有作过开辟连片土地的努力。这不是他们不聪明,更不是他们懒惰,而是他们执行了最小改性原则的明智举措。激励当地苗族乡民,不惜工本开辟连农田,就其实质,几乎是逆天而行。我们不禁要问,既然石缝中原先就有土,苗族乡民已能利用这样的零星土壤,又何需不惜工本掏土建构梯土呢?说到底,这是一种不适宜的技术观在作怪。潜意识认为,不成片就不配称为农田。然而,在麻山这样的地区,恰好不需要土地连片。因为在这里,土石比例反差太大,没有多余的土供填平地块使用。就石缝中的残土种植,恰好是成本最低化的明智技术决策。

我们主张,将研究的注意力聚焦在当地已有的传统生产模式上,绝不是拒绝先进技术的引进。事实上,在麻山这样的地区,可以引进的现代技术不是很少,而是很多。举例说,当代国外的先进旱地农作技术,就可以在麻山找到用武之地,大可不必营建连片梯土。这里仅以农作物的品种配置为例,可见一斑。①

适合于已经石漠化的农作物最好是藤蔓状的低秆农作物。民族志资料告诉我们,以此类农作物为生的民族在当今世界上仍然不少。土耳其人至今仍以扁豆为主食;我国都安地区的布努瑶族就是以参薯为主食;非洲众多热带丛林民族,就是以木薯为主食。这些农作物品种,在已经石漠化的石缝中,完全可以正常生长,完全可以替代玉米种植。遗憾的是,我们的农技人员不愿意把自己的研究思路往这样的取向去深化,而是习惯于就自己习见的农作物作升级换代研究。以至于耗费了精力、物力,在麻山地区却难以生效。

动用社会手段救治石漠化灾变也存在着同样的问题,麻山生态系统的脆弱环节中,峰丛洼地封闭性就是其中之一。提出“易地扶贫”的人,仅看到了人的干预会加剧石漠化这一面,却看不到人类的活动只要稍加引导,也可以转化为推动生态恢复的另一面。事实上,高度石漠化的峰丛洼地,若不加以人力的干预,据当地苗

① 田红,邹珺. 麻山苗族农作物的配置与石漠化灾变救治,贵州农业科学,2009年,第37卷第1期,第182~184页.

族乡民的介绍，至少要经历百年左右的时间。但若有人力干预，按当地传统的生态技能和技术植树种草，只需要几年的时间就可以重新郁闭。这是因为，在没有人类的干预下，已石漠化山区的恢复完全得靠机遇，而植物种子落到适宜于生长的地点，其概率极低。因而，重新郁闭的时间需要漫长的岁月。而人的行为具有主观能动性，只要能识别最佳的植物立地位置，植树种草就可以做到随种随活，因而能大大地缩短生态恢复的时间。大规模推行“易地扶贫”，无异于搁置人类这一能动的积极因素，放弃对石漠化灾变的救治。这显然是一种消积的决策办法。正确的决策只能是，与其把人迁走，不如引导人能动地参与石漠化灾变的救治成效更为显著。

主张“易地扶贫”的人，决不是出于对社会问题的短视，相反地，在这一点上，这些人恰好富于同情心。他们其实是出于对麻山居民的关爱，而提出这样的主张。问题的症结在于，提出类似主张的人，把人类的生活模式作了绝对化的理解。误以为，必须依傍大江大河，天天有凉水洗澡，对水资源可以随取随用才算是人的正常生活。然而地球表面恰好并不如意，如若没有江河上游各民族居民的惜水如金，哪有江河下游取之不尽的淡水资源供给。麻山受地理环境所限，不要说今天，就是在未来，水资源的供给都不能和长江沿岸各城镇相比。要求麻山居民也像江河沿岸的大城市那样，无节制的消费水资源，永远是一个心有余而力不足的幻想。麻山地区各族居民，传统的美德正在于惜水如金，惜土如金。让他们放弃这样的美德，到所谓条件好的地方，和其他居民比消费，从思维观念上讲，就存在着严重的偏颇。无论科学技术再发达，由于地球表面的资源分布不均匀，不同地区的人们的生活方式永远存在着差距，不承认这种差距，肯定制定不出可行的政策。

动用法律手段，不管是禁止，还是激励麻山地区居民改变生计方式，在法理上都不符合逻辑。法律条文规定，只能从最根本，最原则的层面约束个人的行为，从来都不需要对所有人都求全责备，限制生活细节，特别是有关生存的生活细节。《礼记·王治》有言：“齐其政，不易其俗”，意思是说，执行政策不能以改变不同族的习俗为前提，这是可以垂之千古的至理名言。麻山苗族居民的生计方式是与大自然相适应，长期磨合的结果，从来都不是法律规定的结果，也不是法律可以加以改变的。因为这牵涉到大自然的本底特征，这是任何法律手段都不能改变的事实，它已经超出了法律可以发挥作用的范围。就麻山人民而言,缺乏的并不是良种、化肥和农药,也不是不能自食其力,他们真正缺的是水和土,但不仅法律手段,就是现代科学技术也不能为麻山人民提供富足的水土资源。既然如此,用化肥、农药,或者资金投入去禁止麻山人民实施“刀耕火种”,或者改变生计方式,又如何能做得到呢? 出现这样的执法偏颇,同样是观念有问题。因而,动用法律手段,千方百计地要将麻山人民磨塑成他们所希望的那样。从立法的角度看,他们的这种做法已经违犯了法理原则。这样的决策,流于一纸空文,其实是早在预料之中的事情。只会无益扰民而已,既收不到执法实效,又见不到生态建设的成效,反而会造成麻山人民的抵触情绪。

总之,无论从技术、政策或执法的层面看,出现偏颇的原因都在于观念上,而不在于行动上。在这个问题上,文化人类学倡导的文化相对主义具有借鉴价值。我国是一个多民族的国家,幅员辽阔,各地的自然资源结构又千差万别,按唯一的一种思路,无论是搞科研,还是搞行政管理,都会在无意中偏离事实和不同地区的需要。如果能深入领会文化相对主义的本质,多听各民族人民的看法和意见,舍身处地为各族人民的现有生存方式着想,问题就会好解决得多。麻山的扶贫需要这样,麻山的生态重建更需要这样。观念问题不解决,只顾行动,最终将会造成南辕北辙的笑柄。

## 第三节　现代生存方式与麻山地区生态的不适应

经过分析研究得知,麻山人民的传统的生活方式并没有妨碍地区生态。随着我国农村经济社会的发展,现代生存方式如城镇化、农村空壳化等出现在广大农村地区。农村城镇化是指各种要素不断在农村城镇中集聚,农村城镇人口不断增多,城镇数量、规模不断增大,质量不断提高的过程。贵州城镇化现状:低水平、同质化、散沙状、数量少。① 所谓城镇化是指人类生产和生活方式由乡村型向城市型转化的历史过程，表现为乡村人口向城市人口转化以及城市逐步发展和完善的过程。新中国成立以来，贵州特别是西部大开发以来，贵州省城镇化有了长足发展，但从总体上看，城镇化水平还是太低，在发展过程中出现了一系列问题。城镇化建设与生态环境保护的两难选择。贵州面临既要考虑满足生存需求的经济发展，又要考虑生态环境保护的两难境地；传统工业化道路和当地居民的生产、生活、消费存在许多不可持续的发展模式。如何从大规模生态赤字、透支与索取转向合理利用、保护生态环境转变，是贵州发展模式的重大挑战。现实地看，部分政府官员对“为善者，大报之以福。为小善者，天报之以祸”的理念，在经济发展与资源、生态和人之间协调发展的极端重要性认识不足，没有充分认识到创建生态文明，重建人与自然的和谐统一，实现生态与经济的持续协调发展重要性的关系。② 现代经济社会发展的中心议题是生态效益、经济效益和社会效益的协调和同步提高，是生态、经济、社会持续发展。③

① 王国勇，刘洋. 贵州城镇化发展分析报告，贵州民族学院学报，2010 年第 6 期（总第 124 期），第 135 – 139 页.

② 陈英葵. 西部欠发达地区高新技术产业发展模式研究——基于建设贵州生态文明的视角，中国经贸，2008 年，第 12 期，第 45 – 46 页.

③ 陈英葵. 试论城镇化与贵州优势产业发展战略关系——基于生态现代化的视角，安徽农业科学，2009 年，第 37 卷第 30 期，第 14910 – 14912 页.

# 第六章　麻山地区生态建设及民间智慧的利用

## 第一节　苗族地方性知识的智慧

苗族是当地的世居民族，在其世代生息繁衍的过程中，已经对当地的自然和生态环境做了长期的观察和知识积累。为了生存的需要，他们必须将这些知识与其谋生的手段有机地结合起来，以便应付自然因素的各种波动，确保生存的延续与稳定。[①] 这种将知识与行为融为一体的经验积累过程，可以使他们对环境的理解达到相当精细的程度。由于当地生态结构的特殊性，使得他们早就接触过局部的土地石漠化，并凭借他们的智慧和技能改造和利用过这些石漠化的土地。上述三个方面的经验与技能积累，构成了苗族传统文化中的生态智慧和技能。不言而喻的事实是，这样的生态智慧和技能只适用于当地，局外人则鲜于知晓，在其他地区又无用武之地，因而是真正意义上的“地方性”知识。

贵州省毕节地区金沙县平坝乡是一个苗族山寨，由于对土地资源长期的不合理使用，导致了土地的石漠化。全乡 70% 以上的土地都是裸露的基岩，或是覆盖着碎石，乡民们只能在石缝中种植玉米和洋芋勉强糊口。同全国其他地方一样，自从 20 世纪 50 年代原生植被遭到破坏之后，这里也曾多次植树造林，造林办法也是按照统一的模式，但因土地的高度石漠化，种下的树苗只有极少数成活，而且这

---

① ［美］查尔斯·哈珀. 环境与社会——环境问题中的人文视野［M］. 肖晨阳，等译. 天津：天津人民出版社，1998.

些侥幸成活的树苗总难以长大,经过二三十年,这些残存的树依然只有1m多高,被人戏称为“老头树”。20世纪80年代后期,毕节地区为了贯彻实施“天保”工程和“长防”工程,特意邀请林业专家对该乡的林地做了评估。专家认定的结论相同,该乡现有林地是一片残林,必须实施全面更新,才能恢复达标的森林。他们要求将林地全面挖翻清理,移开碎石修筑保坎并填土建成梯土后,再行定植树苗。按照这样的规划,种植一棵树需要数百元。贵州省省、地、县三级均无法筹集这笔巨额资金,也没有人敢于承包林地更新工程。这一残林更新工程也就一拖再拖地被搁置下来。

该乡乡民杨明生时任该乡党委副书记,主动要求更新残林建设家乡。他的条件仅是要乡政府为自己作保,批准他借贷一笔资金,暂时解决造林人员的生活困难。有关部门在一筹莫展的情况下,自然顺水推舟让他带职造林。但是事情并不顺利,造林工程一开始,杨明生就与林业专家因意见不合而发生了争执。因为杨明生的造林办法对于林业专家来说,简直是闻所未闻,由于大家都没有把握,因而害怕他造不成林,还不了贷款。于是大家出于好心,多次出面劝阻,甚至不同意让他继续干下去。但杨明生却胸有成竹,依然硬着头皮干到底。而今,杨明生所承包的残林更新任务已经全面完成,他确实在岩缝中种出了参天大树。[①] 其造林办法的特异之处如下:(1)既不清理林地,也不挖翻土壤,而是在已有残林中相机移栽野生的草本和藤本植物,作为以后苗木定植的基础。(2)既不建苗圃,也不购买苗木,而是从周边已有树林中,选择林下的各种合适的幼树苗进行移栽。(3)移栽时完全不清理定植点的原有植被,而是在灌草丛中直接开穴定植,树苗移栽后完全隐藏于灌草丛中。(4)对原先无灌草的石漠化地段,则不惜工本移开碎石,或是人工填塞土壤,先撒播草种,或移栽灌木。待草类长大后,再定植合适的苗木。(5)随着树木的生长,待树冠超过灌草丛后,适当清理树根周围的灌草,割去喜欢阳光的植物,留下耐阴的植物。而且仅仅割去植物的上半部,留下半米的残段,目的是让它们继续发挥截留水土的作用。(6)割下的灌草和落叶不焚烧,与泥土混合后,填入低洼的石坑中,作为日后定植新的苗木基础。正是这套植树育林办法,遭到了专

---

① 王庆. 林海飞歌, 贵州日报, 2004-03-18.

家的质疑，他们规劝杨明生不要白费力气，最后造林不成无法还清贷款。杨明生事后告诉我们：树与人一样，没有伙伴活不了也长不大。杂草灌丛就是树的伙伴，把它们清除之后，孤零零的树苗肯定长不好。他运用了自己了如指掌的地方性知识，同时苗族的传统生态技能在其中也发挥了作用。

苗族的地方性知识直接植根于苗族的传统文化之中，知识的建构和解读与苗族的传统文化相互粘连，这就使得在套用外界熟知的知识体系去观察苗族的日常生活时很难发现这些地方性知识的存在。① 即令在田野调查中发现了他们的生活差异，注意到他们的特殊技能，也很难解读差异的成因及技能的适用潜力。加上地方性知识与苗族个人行为间的相互粘连，要从他们个人的生态行为中将有价值的智慧和技能分离出来，同样得经历艰苦的研究过程。这一切都意味着，当地苗族确实拥有无可替代的生态智慧和技能，但要发现并加以有目的的利用这些地方性知识都必须通过跨学科的分析和研究。因此，界定地方性生态智慧和技能的过程，不是一个简单的观察过程，而是一个发掘的过程，一个再认识基础上的利用过程。

发现这些地方性知识和技能也不意味着立即就能推广使用，原因在于这些依靠经验积累起来的认知成果早已融入了苗族的日常生活之中，体现在他们的社会行为之内。② 失去了传统文化营建的社会生活背景，这样的地方性知识无法孤立存在，也无从体现其存在意义。只有将我们感知的地方性知识和技能还原到苗族的传统文化之中，这样的生态智慧和技能才能显示其价值。从这个意义上说，利用这些生态智慧和技能的过程，也是一个保护和发扬传统文化的过程，更是一个知识和技能推广与社会运行相磨合的实践过程。因此，发掘和利用只能是一个辩证统一相互推进的生态建设行动。

在治理贵州麻山地区的石漠化过程中，政府和社会各界曾经尝试性地推行过植树种草，退耕还林；就地取材，以乱石砌埂，从石缝中掏土营建固定梯土；动用工程技术措施在全境探寻水源，甚至开展河流改道工程等诸多的措施，但这些措施均

① 罗康隆．地方性知识与生存安全——以贵州麻山苗族治理石漠化灾变为例，西南民族大学学报（人文社会科学版），2011 年，第 7 期，第 6－12 页．

② 罗康隆．地方性生态知识对区域生态资源维护与利用的价值，中南民族大学学报（人文社会科学版），2005 年 5 月，第 30 卷第 3 期，第 43－48 页．

没有收到好的效果。杨庭硕先生在自己的研究实践中，通过对该地石漠化的成因和以往救治对策的共性偏颇的分析后认为，要治理麻山地区的石漠化问题，必须最大限度地发掘和利用当地苗族群众的传统生态智慧和技能，激活他们潜在的主观能动作用，让他们用自己的办法，按照他们自己对生态环境的理解，去开发利用当地的生物资源和无机资源。按当地苗族的传统经验，在植株立地存活的位置选择上，有三条线索：(1)凭借岩缝的走向及纹路的交叉点去判断立地位置。苗族认为，顺着山势直下的岩缝会走气，种下的树木得不到养分肯定活不了；和山体平行的岩缝虽然不会走气，但也不能聚气，这样的岩缝也不能种树。只有竖缝与横缝的交叉点上又能聚气，又不会走气，种树才能成活并长成大树。(2)借助于鸟兽为自己选种。鸟兽越冬时总会将各种可食的草木种子储存在岩缝或荒草丛中。凭借自己的经验，他们可以很容易发现这样的鸟兽粮仓。来年春暖时，鸟兽吃剩的种子会及时地自然萌芽，收集这样的种子植树成活率高、成本低，所植树木也更容易适应当地生态环境。(3)根据植物的伴生现象进行种植选择。比如，他们种植构树和槐树时，一定要找到石缝中已经长着何首乌、葛藤一类块根植物的位置，才认定在这一石缝中定植苗木较为合适。种植毛栗、核桃等树木时，一定要选择长有旺盛茅草的岩缝才下种。[①] 通过以上的综合性分析和典型事例的介绍，我们可以看出，在各民族社会中传承有序的生态知识，是各民族人们经过长期的社会实践活动总结出来的合理化常识，这些常识是我们进行区域性的经济开发和环境保护时可以依凭的第一手资料，具有潜在的生态认识价值。但是在某一个地方颇具价值的生态经验，在另一个相异的环境中并不一定有用，许多地区性、区域性的生态知识大多只在本土的文化环境中发挥作用，不能生搬硬套。[②]

首先，地方性知识具有不可替代性。一切地方性知识都是特定民族文化的表露形态，相关民族文化在世代调适与积累中发育起来的生态智慧与生态技能，都完整地包容在各地区的地方性知识之中。地方性知识必然与所在地区的生态系统互

---

① 杨庭硕. 苗族生态知识在石漠化灾变救治中的价值，广西民族大学学报，2007 年，第 3 期，第 24 - 33 页.

② 管彦波. 民族的环境取向与地方性的生态认知，中国农业大学学报(社会科学版)，2010 年 6 月，第 27 卷，第 2 期，第 43 - 50 页.

为依存,互为补充,又相互渗透。相比之下,普同性知识则不可能具备如此强的针对性。若能凭借生态人类学的理论与方法,系统地发掘和利用相关地区的地方性知识,肯定可以找到对付生态环境恶化的最佳办法。如果忽视或者在无意中丢失任何一种地方性知识,都意味着损失一大笔不可替代的生态智慧与技能。①

其次,发掘和利用一种地方性知识,去维护所处地区的生态环境,是所有维护办法中成本最低廉的手段。地方性知识并非孤立地存在,而是与当地社会的生产和生活有机地结合在一起。当事的个人在其日常活动中,几乎是在下意识的状况中贯彻了地方性知识的行为准则,地方性知识中的生态智慧与技能在付诸应用的过程中,不必借助任何外力推动,就能持续地发挥作用。② 由于不必仰仗外来的投资,而是靠文化的自主运行去实现目标,因此这是一种最节约的生态维护方式。

最后,地方性知识具有严格的使用范围,这就可以最大限度地避免维护方法的误用。地方性知识之间总是处于相互制衡格局之中,这样的制衡格局又必然是并存多元文化交互依存、交互制约的派生结果。地方性知识的制衡格局可以确保人类社会对地球生命体系的冲击均衡化,从而大大降低人类社会对生态系统的干扰。在这样的制衡状况下,维护方法一旦被错用,就会受到其他民族文化牵制,及时得到纠正。同时,利用地方性知识去维护生态安全,既不会损害文化的多元并存,也不会损害任何一个民族的利益。因此它是副作用最小的稳妥维护办法,也是不容易被用错的维护办法。③

## 第二节　苗族植树种草经验与生态建设

麻山地区石漠化灾变救治的关键在于,必须通过人为干预的手段,尽快使原有的植被得到恢复。然而恢复植被的难点在于,在已经石漠化的土地上很难找到植

① 古川. 民族生态:从金沙江到红河[M]. 昆明:云南教育出版社,2003.

② 尹绍亭. 人与森林:生态人类学视野中的刀耕火种[M]. 昆明:云南教育出版社,2000.

③ 杨庭硕. 论地方性知识的生态价值,吉首大学学报(社会科学版),2004年,第25卷第3期,第23-29页.

株立地存活的位置。以往的植树造林正是在这一点上没有找到合理的解决办法而功亏一篑。我们在田野调查中发现,苗族群众在房前屋后种植的各种果树,以及在荒山上种草种粮,都能顺利成活且长势良好。遗憾的是他们对此也说不清楚自己取得成功的原因。与他们相处日久之后,他们用一系列形象的比喻向我们作解释。比如,他们认为草木与人一样,必须与自己的亲人、朋友和睦相处,并结成家族村社,才能顺利成长。因而种树种草不能看到有点土壤就下种定苗,而是要看那里存活着什么样的其他草木,以便为即将下种和定苗的草木找到可结伴生存的"伙伴"。光凭这样的解释仍然不得其解。

他们的解释系统与我们的普同性知识系统差距实在太大,一般的学人很难接受当地居民对草木之间的关系比喻成像人一样社会关系的解释。但必须注意到,这样的解释仅是表象,仅是当地苗族使他们的经验系统化的一种努力。这种努力是对是错,无关宏旨。对麻山地区的生态建设而言,关键是要看,能否在石漠化荒山植树种草成功。而在这一点上,麻山地区的苗族人民确实可以兑现自己的希望。放手让他们用自己的办法去植树种草,确实可以存活,并且生长旺盛。

**图 6.2.1　荒坡种植恢复(杨成摄)**

通过长期观察后,将他们对苗木立地条件的选择归纳后,可以发现他们的所想与所为惊人的合拍。比如,他们种植构树和椿树时,一定要找到石缝中已经长着何首乌、葛藤一类块根植物的岩缝,才认定在这一石缝中定植苗木较为合适;种植毛栗、核桃等树木时，一定要选择长有旺盛茅草的岩缝才下种。[①] 此类苗木立地点选择的经验，在当地可以归纳出上百条来。验证结果也表明，这些经验十分有效。定植后的树木可以快速成活，而且能长成参天大树。进一步的分析表明，他们的这些经验往往指示着，在狭窄的岩缝下方隐藏着体积庞大的溶蚀坑或者是巨大的岩缝，其间填满了泥土，足以支撑十多米高的乔木正常生长。抽样实测的结果表明，这些溶蚀坑的容积在 $5\sim20m^3$，正是高大乔木的最佳立地位置。借用现代科技术语，完全可以将他们的经验归纳为凭借指示植物去选定苗木的最佳立地位置。至于他们由此而附会上的解释，完全可以置之不理。他们愿意怎么解释，由他们去好了。只要他们能够植树成活，我们有什么理由去苛求他们的解释符合我们的思维习惯呢。

另一种寻找最佳立地位置的办法是，凭借岩缝的走向及纹路的交叉去判断立地位置。他们认为顺着山势直下的岩缝会走“气”，种下的树木得不到养分肯定活不了；和山体平行的岩缝虽然不会走“气”，但也不能聚“气”，这样的岩缝也不能种树。只有竖缝与横缝的交叉点上又能聚“气”，又不会走“气”，种树才能成活并长成大树。他们进一步解释说，苗族建立村寨也是同一个道理，都是把村寨建立在两条河的交汇处，或者是山脉的交汇点，村寨才能兴旺。抛开他们的解释，对他们选定树木的立地位置进行抽样实测发现，这样的位置有两种特点：(1)基岩破碎，碎岩间填满了泥土，而且地下水位较高，足以支撑高大乔木的生长；(2)地下是一个体积较大的溶蚀坑，填满了土壤，同样能支撑乔木生长。总之，他们对自己经验的解释根本无法纳入现代科学理念中进行逻辑分析，但执行这些经验的结果却经得起严格意义上的科学验证。

他们定植乔木也有一套奇特的技术思路，他们一般不是先建苗圃育苗，然后移苗定植，而是一步到位，用种子、或正在发芽的种子直接定位种植。经过观察发现，他们也不是靠人力去选种，而是借助于鸟兽为自己选种。[②]鸟兽越冬时总会将各种可食的草木种子储存在岩缝或荒草丛中。凭借自己的经验，他们可以很容易发现这样的鸟兽“粮仓”。来年春暖时，鸟兽吃剩的种子会及时自然萌芽，

① ② 游俊，田红．论地方性知识在脆弱生态系统维护中的价值——以石灰岩山区”石漠化”生态救治为例，吉首大学学报(社会科学版)，第28卷第2期，第85-90页．

收集这样的种子植树成活率高、成本低,所植树木也更容易适应当地生态环境。按这样的办法定植苗木的操作十分简便,既不用开挖树穴,也不用整地,只需按上面提到的方法选定立地位置后,用木棍在土中戳一个小洞,放入种子后盖上泥土即可。

另一项采种的办法适用于浆果或肉果类植物。这些果实被鸟兽吞食后,种子在鸟兽体内不会被消化,而是随着粪便排出。当地苗族收集此类粪便后直接将其塞入选定的岩缝之中,同样可以种活树木。用这种办法定植树木更加省工省时。

**图 6.2.2 岩缝中的肉果类植物(杨成摄)**

对这一套植树的经验,他们有自己的解释。他们认为,鸟兽与植物的关系同人与人的关系一样,可以结成亲和关系,因而经鸟兽搬弄过的种子就有了灵性,既容易成活,也容易长大。虽然他们的解释不合逻辑,但考虑到经过鸟兽选择的种子肯定是无虫无病的种子,加上鸟兽的消化液可以部分腐蚀种壳而激活种子的萌发能力,我们认定他们定植苗木的经验与科学原理并不矛盾。至于不愿建立园圃,他们也有自己的说法。他们觉得苗木在苗圃中已经跟其他植物形成了和谐的关系,取苗定植会打破这种关系,因而苗木定植后会因为失去亲密伙伴而无法顺利成长。正是基于这种考虑,他们常常拒绝政府无偿提供的苗木;或者在取苗时,用粉笔在树干上标记每株苗木的方位、树梢的朝向等,定植时按照标定的方位种植,并将原先相邻的树苗也定植在一起。追踪调查的结果表明,他们的这套操作完全有效。没有按照这种操作办法种植的树苗成活率低,即使长大其木质纤维也会呈螺旋状扭曲。如果不建苗圃直接用种子育林,上述繁琐的操作可以完全省去,育林成本可以降低。若能将上述地方性知识加以有效利用,即使没有巨额财政投资,麻山地区的生态恢复同样可以顺利开展,并收到预期成效。

他们植树种草,还有一些与众不同的特殊举措。比如,他们无论种什么树,都不会将岩缝中原生的植物清除,无论是茅草,还是藤蔓植物都是如此。[①] 这与林学家主张的植树造林办法大相径庭,林学家总是担心其他植物的存在争夺了树苗的养分和水分,或者担心苗木的根系不能正常的生长,因而千方百计地为树苗清除其他一切植物,为树苗开辟尽可能大的树坑,以便树苗可以不费力气的尽力生长。我们没有理由说这些林学家的见解不正确,因为这样的做法在平原地区,在土层深厚的地带肯定行之有效,仅仅是在麻山行不通而已。苗族对这种操作的解释,同样无法纳入我们的逻辑体系去加以解释。但这样做的成效却出乎意料的成功。已有的野生植物似乎不会成为干扰因素,反而会成为亲密伙伴。麻山石缝中的土壤,似乎也根本无需翻耕。经过长期观察后,我们终于有所领悟。原因在于,在高度石漠化的麻山地区,由于石头的比热较小,石头的升温极快,地表的无效蒸发也极为强烈。这样的严酷条件,几乎与在沙漠中种树相似。因而,尽可能地掩避夹土石缝的开口,尽可能地荫蔽裸露的石头表面,乃是确保苗木成活的必备条件。苗族群众,不管是出于什么动机要保留这些已有的野生植物,甚至是已经枯萎的野生植物,不管他们的解释如何,其结果都切中减小无效蒸发的紧迫需要,切中避免地表过度升温的紧迫需要。从当地的实际出发,这些苗族群众的技术操作无懈可击。至于他们的解释,同样无需细究。

当地苗族不仅用种子直接定植苗木,也常常使用纤插的办法繁殖苗木。操作的特异之处仅在于,他们对枝条的断口都用石灰处理过,或者用淀粉处理过。经过

① 罗义群. 苗族本土生态知识与森林生态的恢复与更新, 铜仁学院学报, 2008 年 11 月, 第 10 卷第 6 期, 第 59 - 64 页.

图 6.2.3 植被恢复(杨成摄)

这样的处理后,光凭一个枝条也可以植树成活。他们也不拒绝使用现代化的材料,在我们的观察中,他们就频繁使用塑料薄膜覆盖,防止新定植和纤插的苗木脱水。他们也使用现代农药防止新定植的树木被昆虫啃食根部,但他们决不滥施农药,而是将农药细心的点在树苗破损的根部。据他们解释,是因为此类树种会分泌糖分,招来蚂蚁啃食,因而必须对树根创口严加封堵,才能防范昆虫的啃咬。

他们选定树种也有自己的讲究。他们不是单凭树种的经济价值,或者自己的利益去选择树木,而师法自然,到与石漠化荒山临近残存的小树林中,按比例选取相关树的种子,在石漠化荒山的岩缝中配套种植。[①] 这种做法,从表面上看,十分笨拙,但从学理上讲,却入情入理。在他们的做法背后,避开了外来物种不适应当地条件的种种繁难,可以一步到位的植树成功。而且确保形成的林木,保持物种多样性和物种间的协调关系。

在麻山地区开展生态建设必须面对的严峻社会矛盾是,如何保障当地苗族群众的生活不受影响,急需解决的主要问题是如何缓解水土资源的极度短缺。当前

① 罗义群. 苗族本土生态知识与森林生态的恢复与更新, 铜仁学院学报, 2008 年 11 月, 第 10 卷第 6 期, 第 59 – 64 页.

的麻山地区在严重石漠化的山坡几乎寸草不生,根本无法利用。苗族居民只能靠密集使用溶蚀盆地底部的有限耕地为生,溶蚀盆地的环形山山脊只要在岩缝中残存有泥土,就可以通过刀耕火种种植少量小米、荞子或薏苡等,或者在这样的地段放养牛羊。任何形式的生态建设只要涉及正在使用的土地,都会直接影响当地居民的粮食供应,而扩大耕地面积在现有的技术条件下又几乎没有可能。当前可以动用的土地资源仅仅是那些高度石漠化的陡峭坡地,但常规的技术措施和种植养殖项目都很难利用这些石漠化坡地。借助文献的记载和当地苗族的口头传说,我们获知当地土壤尚未石漠化之前,麻山地区外销的产品除了麻类外,还包括构树皮、桐油、生漆、白蜡、柞蚕丝以及其他野生动植物产品。这些产品大都出自目前已经高度石漠化的陡坡地段。随着石漠化程度的加剧,这些具有较高价值的传统产品日趋萎缩。目前仅有个别的村寨或家庭仍在生产此类产品,并成为麻山地区的富裕村寨或家户。只要我们配合上文提到的生态恢复办法,在石漠化陡坡种植连片的蜜源林、栗木林、构树林等,此类传统产品完全可以恢复生产,麻山苗族群众也可以依靠这些传统产品脱贫致富,粮食的短缺也能通过市场得到调剂。这就做到了生态建设和经济发展相互兼容。

当地苗族群众乐于从事传统产品的生产,正是他们卓越生态智慧的集中表现。这些传统产品在生产的过程中无需频繁地翻动土壤,树木一经种活,数十年均能收益。这就避开了当地地质结构的脆弱环节,避免了土壤流失之忧。此外,他们还掌握了一整套促进林木再生的特殊技能。林木老化后,只需在距地五寸的地方将林木砍掉,同时用火轻燎树墩,或用石灰水涂抹树墩,这些树墩在来年就能萌发新枝,只需两年的时间就能郁闭。这种技术可以适用于构树、栗树、槐树等树种的再生成林。而且由于这种技术操作可以确保树墩的生命力不受损伤,树墩的根系仍保留着固土作用,因而即使在砍伐时节遇到暴雨也不会造成水土流失。

进一步的调查发现,当地苗族居民对植物资源的利用具有多重性。这里仅以构树的综合利用为例。构树的浆果是猪的肥育饲料,猪粪则是构树的育种材料。构树树叶可以喂猪、喂牛、喂羊等,必要时还可以喂养柞蚕。构树皮作为优质的造纸原料是当地重要的外销产品,也可以析离纤维用于纺纱织布。剥下树皮后的枝干可以作为柴薪燃料。成材的构树又是当地首选的建筑用材。在当地苗族居民看来,构树一身都是宝。加上构树很容易在岩缝中成活,因而在石漠化灾变救治中,构树可以作为很好的先锋树种使用。除构树外,当地类似的先锋树种还有椿树、马桑、栲树、槐树、麻栗树等。这些树种同构树一样,具备多种使用价值,也能够在贫瘠的石缝中长大成材。

## 第三节　抑制水土流失,加快成土速度是麻山生态救治核心

贵州省土地总面积17.6万$km^2$,其中岩溶面积12.96万$km^2$,占全省土地总面积的73.6%。按碳酸盐岩出露面积占县(市、区)域面积的30%以上为喀斯特县(市、区)标准计,全省除赤水、望谟、丛江、榕江、雷山、黎平、剑河、锦屏、天柱、三穗、台江等12个县(市、区)外均为喀斯特县。其土地面积为14.85万$km^2$,占全省面积的84.3%;其县(市、区)数占全省县(市、区)总数的87.10%。[①] 贵州喀斯特山区属亚热带季风气候,温和湿润,雨量充沛。平均温度为14~16℃,≥10℃活动积温2200~6000℃;无霜期260~300d;年均降雨量1100~1300 mm,降水量总分布趋势是南部多于北部,东部多于西部。农作物生长盛季(4~9月)各地的降雨量在786~1266mm,占全年降水量的73%~85%。贵州喀斯特山区径流量多年平均值约为870亿$m^3$,年径流系数为0.45~0.55。据资料统计,区内主要河流的输沙模数为322 t/($km^2$·a),最高达1047t/($km^2$·a)(乌都河),最低56t/($km^3$·a)(樟江)。[②] 据目前有关资料统计,贵州喀斯特山区共有人口3200万人,其中农业人口2756万人,平均人口密度216人/$km^2$。区内现有耕地423万$hm^2$(土地资源详查结果),人均耕地0.132$hm^2$,农业人均耕地0.154 $hm^2$;粮食总产量约100亿kg,人均粮食仅312 kg/人,农民人均粮食363kg/人。农民人均收入约1000元/人,不少地区仍然处于半封闭的自然农业经济状态。由于土地质量差,容量低,人口密度

① 张荣祖. 横断山区干旱河谷[M]. 北京:科学出版社, 1992.

② 杜天理. 西南地区干热河谷开发利用方向, 自然资源, 1994年,第1期, 第41-45页.

大,毁林开荒等造成大量坡耕地,区内大于25°的陡坡旱耕地面积多达73万$hm^2$,占耕地总面积的17.2%,占旱耕地总面积的40.2%,其中大于35°的极陡旱耕地占耕地总面积的10%。由于坡地小而分散,有的处于边弃耕边开垦的恶性循环,更加剧了本区的水土流失。①

贵州旱坡耕地存在的最大问题是水土流失严重,而造成水土流失的重要原因是人对土地的不合理利用与经营,如陡坡毁林种粮,顺坡耕种,对土地掠夺式经营等。根据第二次土壤普查资料,全省旱耕地中,达到国家规定退耕标准 > 25b的陡坡耕地占25%,加之全省2/3为喀斯特岩溶地区,旱坡耕地垦殖率平均达2317%,水土流失的后果十分严重。近年省内泥石流和山体滑坡也频繁发生。据贵州省水电部门资料表明,近年来全省水土流失造成每年泥沙流失量218亿t以上,水土流失造成损失的土壤有效养分达110万t,被冲坏的良田近13133万$hm^2$,其中约0.33万$hm^2$不能恢复耕种。同时,造成喀斯特山区石漠化扩大,石漠化面积达1133万$km^2$,而且每年以900$km^2$的速率递增。水土流失和石漠化使本来就紧张的耕地资源问题更加严重。对旱坡耕地,特别是发生在早春地面生物覆盖低时的暴雨,会造成严重的土壤侵蚀。据在罗甸县兴隆基点观察,1999年4月24日降雨量达106mm,5分钟雨强达11218mm/h,在20b旱耕地土壤侵蚀量达42189t/$hm^2$,使0.36cm厚的土层被侵蚀。据(1996~2001年)贵州省耕地土壤肥力点长期监测结果,全省土壤肥力呈下降趋势,尤以钾素肥力的递减为甚。由于水土大量流失的结果,导致耕地土层变浅,生产力低下。全省旱坡耕地中耕层小于15cm面积已占旱耕地总面积的5316%,一遇干旱就造成农作物大面积减产。尤其严重的是在岩溶地区的旱坡耕地土壤,一经冲刷即成无法恢复土层的裸岩,最终形成石漠化。目前,全省石漠化面积已达1133万$km^2$,且逐年还在扩大,全省贫困人口大多分布在这些地区。这种现象正是由于不合理利用坡地资源造成的恶果,也给贵州农牧业可持续发展造成严重影响。②

---

① 何腾兵. 贵州喀斯特山区水土流失状况及生态农业建设途径探讨, 水土保持学报, 2000年10月, 第14卷第5期, 第28-34页.

② 唐志坚, 贺海雄. 贵州旱坡耕地水土流失状况和主要整治技术及效益评价, 贵州农业科学2004年, 第32卷第3期, 第34-37页.

据观测统计推算，区内水土流失面积为6.7万$km^2$，每年流失泥沙6200多万t，年均土壤侵蚀模数1288t/($km^2$·a)，年侵蚀量达1.9亿t。另据典型的喀斯特小流域观测结果，平均土壤侵蚀模数高达3022t/($km^2$·a)，坡耕地平均流失表土10mm/a①。水土流失形式以面蚀、沟蚀为主，主要发生在坡面上，所有坡耕地都有不同程度水土流失。部分地区出现泥石流、滑坡、石漠化等剧烈的水土流失形式。据统计，贵州喀斯特山区石漠化面积已达1.3万$km^2$，②占贵州喀斯特山区水土流失状况及生态农业建设途径探讨全省土地总面积的7.4%，并呈现恶化趋势。由于大量的土壤流失，土地退化严重，旱涝灾害频繁发生，生态环境严重失调，恶性循环愈演愈烈，致使喀斯特山区农业生产长期徘徊而难以稳定和提高，水土流失已成为影响农业生产环境质量的重要因素之一，成为制约农业生产持续发展的严重障碍，也是农村贫困的根源。③

**图6.3.1 贫困的农户(杨成摄)**

麻山地区生态治理的核心内容是抑制水土流失，加快成土速度。当地水土流

① 刘学愚等. 云南经济，社会，生态综合发展战略规划系统工程研究文集[M]. 昆明：云南大学出版社，1980.

② 杜天理. 西南地区干热河谷开发利用方向，自然资源，1994年，第1期，第41－45页.

③ 何腾兵. 贵州喀斯特山区水土流失状况及生态农业建设途径探讨，水土保持学报，2000年10月，第14卷第5期，第28－34页.

失的主要去向和通道,是溶蚀盆地中的地漏斗。在历史上,地漏斗都因自然或人为力量堵塞而在盆地底部形成溶蚀湖或沼泽。溶蚀湖一旦形成,水土资源下泻就会得到最大限度的抑制。在今天的技术条件下要堵塞这些地漏斗并不存在任何困难。但采取这一举措之前需要解决三个困难:(1)找到地漏斗的准确位置,弄清周边的基岩结构;(2)弄清暴雨时节临时径流的水路流向,以及流水冲力的各种物理参数;(3)弄清溶蚀洼地底部岩缝的位置和走向,作为规划溶蚀湖面积和容积的地质参数。目前的调查情况表明,当地苗族对上述三项内容都拥有丰富的知识和经验积累,可以确保地漏斗的围堵获得成功。

新建这样的人造溶蚀湖可以在生态建设上发挥五大功能:(1)有效截留水土资源,使石漠化坡地土层逐年稳定加厚;(2)在洪水季节可以减轻江河下游的洪水威胁,免除江河下游河道的阻塞;(3)储存的水资源可以在干旱季节满足山区苗族居民的生产和生活用水;(4)这样的溶蚀湖可以成为水产品生产基地,浅水带还可以开辟成稻田,从而改变这一地区长期只能种植玉米的局面。当然,作这样的使用需要克服溶蚀洼地物种传播难这一弱点。(5)溶蚀湖的恢复为当地生态系统物种构成的多样性创造了条件,比如可以为候鸟提供栖息地、为鸟兽提供水源等,而生物物种的多样化又可以支持新的产业形成。

## 第四节　利用苗族生态技能,救治生态灾变

本土生态知识是经济实惠的生态维护经验的总结。麻山腹地的宗地乡,缺水少土素有“一碗泥巴一碗饭”之称。乡民在石旮旯里维持生计,他们目前使用的本土生态知识最突出地表现在三个方面:一是找土,二是复合生计,三是保水。乡民利用岩缝的走向及地表的物象,如块茎类的藤蔓植物,禾本科丛生植物,苔藓类植物等,来推测隐藏在岩石下的土层厚薄和总量,找到泥土后,种乔木和种农作物相结合,耕作实行最大程度的不翻表土,避免喀斯特峰丛洼地的水土流失。复合生计方式表现为农、林、牧、采集、狩猎等复合经营。每一种经营中保持并有效利用多种生物,对同一种生物资源加以多样化利用,以有效地适应当地的脆弱生态环境。乔

木和农作物的种子多数呈圆形，种子粒度较小，乔木种子一般靠风传播或者动物传播农作物种子撒播后会很快落进岩缝中生根发芽。麻山地区农田广泛存在的现象是椿树、构树等乔木往往和藤蔓类植物、蕨类植物、苔藓类植物相伴生，直立生长的农作物和丛生状态的农作物同时出现在一个地块中，如高粱、玉米、苎麻与南瓜、红薯、饭豆、菜豆、豇豆同在。小米和天星米、薏米共存，种植样式上看不出行款空间上却有明显的层次感，地块表土被作物遮蔽起来，从而避免阳光直射在表土和岩石上局部温度过高而产生的水的气态流失，达到裸露基岩降温和水资源维护的目的。[①] 麻山苗族成功的生态资源维护经验和传统，很值得生态资源维护部门借鉴。

针对当地成土难、流失易的特点，当地苗族群众也有整套的技术和技能。这些技术技能可以分为"开源"和"节流"两种模式。[②] 所谓"节流"，就是在陡坡地段培育灌草混合水平带，依靠浅草降低降水流速，依靠灌木巩固浅草带，依靠乔木的枝叶截留大气降水，减轻降水对地表土层的冲击。这样的灌草混合带沿等高线建构后，只需 3 ~8m 的宽度，就能很好地发挥生物坝功能，确保陡坡地段的泥沙不会被冲入溶蚀盆地底部。随着土层的加厚，这样的生物坝会自然扩展，逐步覆盖已经石漠化的土地，从而形成新的可耕土层。值得一提的是，这种生物坝只需一次投工，就会持续发挥效益，堪称目前石漠化荒山治理中最省工省料的办法。

对于加快成土速度，他们同时兼用两套办法，即火焚和种植苔藓双管齐下。在溶蚀洼地的环形山脊顶部，沿用传统的生产办法，有规律地轮歇施行刀耕火种。在焚烧作物残株和杂草的同时，烈火的高温会将基岩表层烧成石灰，经雨水淋蚀后，石灰及夹杂其间的二氧化硅就会形成新的土壤基质。一次刀耕火种大致可以使石缝中加厚 0.2mm 的土层。目前有人反对刀耕火种，认为它会加快水土流失，但在麻山地区应该是个例外。一则，在这样的山脊地带，除了石缝外只有基岩，事实上几乎无土可流失。二则，只要在山腰地段有水平生物坝，火焚后形成的土粒就能有效地被拦截，加快石漠化荒山的土层覆盖速度。三则，这样的操作在耕作地段可以收获一定的粮食，休耕时又能放养牲畜，从而改善当地群众的生活。总之，在这样

---

① 吴正彪. 多元文化构建在生态均衡中的实践价值，贵州民族研究，2001 年，第 3 期，第 52 –56 页.

② 杨庭硕. 论地方性知识的生态价值，吉首大学学报(社会科学版)，2004 年 7 月，第 25 卷第 3 期，第 23 –29 页.

的地区不能完全禁止刀耕火种，而是应该加以有针对性的鼓励。

石灰岩在偏酸性环境中溶蚀速度会加快，也就是成土的速度会加快。当地苗族群众凭经验获知多种植物具有加快石灰岩溶蚀的特点，如苔藓、蕨类植物、垂盆草等。有计划地在岩缝或灌草丛中引种此类植物，一旦成活之后不仅能将岩石包裹，增强对大气降水的截留能力，还能在岩石表面形成薄薄的土层。与此同时，这些植物有的可以作蔬菜，有的可以作饲料，具有一定的经济价值，在加快成土速度的同时，并不会影响人们的经济收益。

事实证明，在苗族文化中确实存在着丰富的生态智慧和技能，这些地方性生态知识对麻山地区的生态建设具有不可替代的价值。① 然而要发掘和利用这些地方性知识，必须经历一个发现、探讨，以及不同观念相互磨合的过程。这就需要我们的行政干部和科技工作者与当地群众一道共同努力。其间，当事各方的耐心、宽容和相互尊重是能否取得成功的关键。因此，提出发掘和利用地方性知识，推动生态建设，仅是一个良好的开端，以后需要走的路还很漫长。在这种时候，倾听来自苗族群众的反馈，大家都会受益匪浅。

在麻山与当地苗族群众相处日久后，他们对我们几乎到了无话不说的地步。于是，我们也毫无避忌地向他们提出了一个略带刺激性的问题：既然你们自己种树，能种一棵活一棵，长大一棵，为什么几年前政府出钱出人，派遣技术人员指导你们种树，反而种不活了呢？对待这一问题，由于大家各有避忌，不同的人如村干部、苗族鬼师，还有寨老、能人，其答案也各不相同。但综合他们的答案后仍然可以归纳出如下一些要点。

“前些年，政府推行退耕还林，对我们很关心，组织我们进城培训，看到城市里街道又宽又直，两旁种植的树木都是一种树，而且整整齐齐，房子也是一栋与另一栋相差不多。技术员培训我们时，要求我们拉绳种树，要开树穴，施底肥，发给我们的树苗也只有一种，我们并不认识。只是觉得政府派来的人肯定有法术，能将我们这里的荒山改变得如同城市一般，树木可以笔直成行。唯一难办的是这里的石头

① 杨庭硕. 论地方性知识的生态价值，吉首大学学报(社会科学版)，2004年7月，第25卷第3期，第23－29页.

太多，无法挖穴种树，派来指导的技术人员也没有办法，只好睁只眼闭只眼，含糊其词地要我们尽量种成一行。我们尽了自己所能，按行栽种，实在无法挖坑的地方，则到其他地方背土过来勉强种下。就是在种的时候，我们也知道这些树活不了，但心里还是希望政府的办法可能有法力，让树成活。结果这些办法失效了，应了我们苗家的一句古话：'别家的鬼师请不动本家的鬼'。"

这样的说法足以让当事各方有所触动。这些淳朴的苗族居民对于政府和科学技术充满了信任和期望，但自身的想法和看法则被有意无意的忽视了，从而导致了一系列大家都不愿意看到的后果。另一方面，他们早就看到自己和外界之间的文化差异和环境差异，也懂得要因地因事制宜，仅仅因为政策的执行人过于自信，忽视了文化与环境的双重差异，才造成了今天的问题。

只要我们平心静气地品味他们对以往各种失败的理解，正视文化与环境的差异，坚信这些淳朴的苗族居民，放手让他们按照自己的认识和理解去工作，而政府只要作为一个监督者和检查者就足够了。如果真要帮助他们，可以向他们提供一些科技信息，让他们自主选用；为他们沟通市场，帮助他们化解市场风险等。那么，无需巨额的投资，也无需兴建大型工程，麻山的生态建设肯定也能做好。如果能想通这一点，那么本报告讨论的内容既是一项经验，也是一个催人反省的教训。

本土生态知识具有很强的自然与文化兼容能力，植根于特定民族文化之中的本土生态知识，可以发挥组织人、动员人、协调人际关系的作用，具有直接应对性和全民把握性。[①] 在应对自然环境的时候具有重复性，普同性知识无法针对不同地区、不同生态系统的脆弱环节作出精当的技术应对，更难以兼顾到采用相应的技术措施后，可能牵连诱发的其他生态问题，抵御地域性自然风险的技术技能主要储存在本土生态知识中。

① 杜成材. 生态维护视域下的本土生态知识价值——以贵州麻山地区为例，安顺学院学报，2012 年 2 月，第 14 卷第 1 期，第 27 – 29 页.

# 第七章　麻山地区地方性生态知识与生态保护

在发掘和利用麻山地区苗族生态智慧与技能的过程中，不仅是苗族群众对我们的行为感到困惑，而且我们自己也不得不为某些客观事实感到迷惑不解。很多以往我们认为不容质疑的事实，在麻山的调查过程中，界线不是越来越清晰，反而是越来越模糊。是我们原先的理解错了，还是事实本该如此，我们不得不对我们的某些习惯性看法开始质疑。因为在这些苗族群众中，他们对知识的理解并不像我们那样纯粹。他们往往认为，一切与生活相关的能力都是知识，而且这些知识都服从一个统一的理念，那就是人类的存在仅是整个世界的一个有限组成部分。人类的存在并不超然，人类得尊重和爱护相关事物的存在，与相关事物保持和谐，而不是凌驾于客观事物之上。韩国人类学家全京秀博士倡导合适技术论，开始时我们感到很意外，但和麻山的苗族乡民接触的时间长后，我们不得不承认，在他们的理念中，确实是合适支配着他们的行为。

## 第一节　苗族传统种植及养殖方法

长期以来，我们一直认为，农业与畜牧业，农业与林业是截然不同的产业项目，但在麻山的观察中，我们却注意到，这里的苗族居民从来没有严格地区分农业与畜牧业的差别，或者农业与林业的差别。他们习惯于认定，种地与喂养家畜，或者维护森林其实是一回事，都是为了人类的生存需要。以至于在他们的传统生计中，每个家庭既要种地，也要饲养家畜，同时还要管护林木。当然，在条件允许时，也要狩猎。这一切的并存，在他们看来都是天经地义的事情，完全没有必要将它们严格区分开来。

在他们的耕地间，自然长出的野生植物，不管是草类，还是乔木，只要他们认为有意义，生长的位置又合适，他们绝对不会随意将它们清除。[①] 以至于农田中长出乔木，森林中种庄稼，或者在农田的休闲期放养牲畜，都是十分自然的事情。如果要勉强对他们的生计方式做出定义的话，他们实际上执行的是一种混合产业。用他们的话来说，对人有用的东西是护出来的，而不是种出来的。在农田中，他们可以同时播种若干种农作物，同时还听任若干种野生的植物一道生长。天星米在麻山苗族的农田中具有特殊的意义，细嫩时，是春夏之交经常食用的蔬菜，盛夏后，又会被割来充作猪的饲料。等到秋收时，被割掉的天星米照样可以结实。这时候，他们又会将天星米穗作为粮食储存起来，又联枷拍打后，获取种子作为美味的粮食。而果穗又会用作牛和猪的饲料。割掉果穗后，残存的植株，在冬季时通常被用作燃料。这种多层次，多渠道的利用办法，我们很难定义天星米在他们的农田中到底算什么东西。若按用途而言，它既是蔬菜，又是粮食，也是饲料和燃料。任何一种定义都有欠准确。更令人惊讶的是，既然是长在地里面的农作物，但他们却从来不播种天星米。[②] 而是听任头年收割时，散落的种子，在来年自然长出新的植株来。以至于，我们甚至无法分辨天星米对他们而言，是野生植物，还是农作物。

与此相仿的例子，不甚枚举。在他们的田地中，种植十分普遍的饭豆和小豆，按照习惯，都需要播种。但自然长出的豆苗，他们也会细心地呵护，使其自然结实。种植与野生，在同一田块中几乎是并存延续。他们对玉米的收割也十分奇特，他们种玉米时，并不像北方的汉族农民那样一个洞穴中，仅种一两粒种子，以便最大限度的节约用种量，而是在一个洞穴中，种植多枚种子，等到玉米出苗后，如果被虫咬断，他们不会为此叹息，而是将咬断的玉米苗收集起来作为饲料。玉米苗长高后，他们会把多余的玉米苗拔出，仅留一两株。我们不妨把这种操作按照标准的农业术语定义为间苗。但在他们的概念中，并不是出于壮苗的农作需要，而是因为家中

---

① 康忠慧. 苗族传统生态文化述论，湖北民族学院学报（哲学社会科学版），2006 年第 1 期，第 24 卷，第 9 – 12 页.

② 田红，邹珺. 麻山苗族农作物的配置与石漠化灾变救治，贵州农业科学，2009 年，第 37 卷第 1 期，第 182 – 184 页.

的大牲畜需要饲料。他们其实是在为家中的大牲畜收割饲料。等玉米结穗受粉完成后，他们又会将玉米穗以上的部分，一批一批的收割下来，作为牛马的饲料。等到玉米穗黄熟后，他们还会将玉米穗以下的叶片全部剔掉，作为家畜饲料使用，但却不收获玉米穗。数天以后，再将玉米穗扭转，让其倒转悬挂在光秃秃的玉米秆上，为的是不让玉米穗被雨淋而霉变出芽，而不急于收割回家。这种状况往往要持续到天星米完全成熟后，才将玉米穗完全摘下来，运回家去，这才砍下光秃秃的玉米秆。① 这样的收割办法，从农业民族的角度看来，简直匪夷所思，但在他们看来却习以为常。因为在他们的观念中，种植玉米是人和畜可以分享的，而且将玉米穗挂在玉米秆上晾干，还要省事得多，犯不着急于收回家去。

在他们的农田中，既有我们概念上的标准农作物，又有农作物野化的植株存在，也有根据需要从野外移栽进真正意义上的野生植物，当然也有自生自灭的真正意义上的野生植物。对这样的种植方式，从生态维护的角度讲，不妨将它定义为增加地表的覆盖度，有利于控制水土流失。但这样的理解仅属于我们，在苗族乡民看来，这样做仅是符合一种习惯或经验而已。因为农田收割完备后，大牲畜还需要放牧，光凭农作物的秸秆，不足以支持大牲畜越冬，让某些野生植物在农田中存在，更为合算。其实，不仅是草本植物，农田中生长的木本植物，或者是他们有意移栽的乔木，其落叶都往往用作饲料。在这样的农田中，主种作物仅是数量较大而已，其实并不占据独尊的地位。乡民们种田，事实上是在进行一种多种作物的合理配置，而人类则可以从这样的农田中不断地收割取用。葛慈曾经将马巴布亚－新几内亚的少数民族的农田，比喻为聚宝盆或热带雨林的缩版，麻山苗族的农田其实也是如此。

麻山苗族的家畜饲养也突破了我们传统的畜牧概念。事实上，除了饲养牛、马、羊这些大牲畜外，他们也饲养各种家禽。独特之处还在于，他们还驯化和饲养昆虫，可供采食蜂蛹的马蜂，蜂巢往往被他们从野外移置到庭院中，预备需要食用蜂蛹时可以随时取用。这样的饲养办法，很难归入任何一种饲养类别。个别苗族家庭，还驯养各种鸟类，甚至蛇类。驯养的目的也不一定是为了取食，有时完全是

① 田红，邹珺．麻山苗族农作物的配置与石漠化灾变救治，贵州农业科学，2009 年，第 37 卷第 1 期，第 182－184 页．

为欣赏或游戏。但我们不得不佩服他们的特异技能。文献中断言很难驯化的锦鸡和猫头鹰,在麻山地区就不乏有能人能成功地驯化这两种禽类。

总而言之,他们的生计方式,具有高度的混合性。[①] 要弄清他们生计方式的生态价值,很难用单一的学科或指导思想去加以明确界定。跨学科的思维,在对待这种问题上极端需要。因为,在高度石漠化的山区,水土结构更其复杂多样,连片种植任何一种作物,或饲养单一品种的动物,都很难获得稳定的收入。与此同时,为了推动生态恢复,尽可能地护卫不同的物种,又显得至关重要,而他们的生计方式恰好能满足上述需要。因而他们即使不特意地推动生态恢复,已有的传统生计方式也有助于石漠化山区的生态恢复。这正是值得我们深思的所在。从文化的视角看,他们在推动石漠化山区生态恢复时,几乎是在无意插柳,柳成荫。原因在于,在这样的文化运行中,可以为众多的生物物种提供各得其所的存活机遇。正是他们特有的自然观和生命观,支配着他们的生计活动,并在无意识中促进了生态的恢复。因而,明确界定他们的行为中,哪些是支持,哪些不是支持,确实具有很大的难度。要紧的是,他们的自然观本身就具有建构人地和谐关系的潜能。

## 第二节　现代技术不适应麻山地区现状

如果一定要对他们的知识和技能作一个评估,那么我们只能说,他们对麻山地区各种自然信息的了解,极为准确精细,并不逊色于我们的专业学者。而且,他们的认知往往填补了我们专业学者观察的盲点和死角,因而能有最简洁的办法解决最复杂的生态恢复问题。上文提到的苗木立地位置的选择,就是一个明证。事实上,若借用现代专业技术,要弄清隐藏在岩缝底下的溶蚀大小,并不是一件难事。地震波探测,超声波探测都可以解决这样的技术难题。但问题在于,我们的专业林学家,只专改种树护林,绝不会关注石油勘探技术,或者是超声波勘探技术。以至

① 罗康隆. 麻山地区苗族复合生计克服"缺水少土"的传统生态智慧, 云南师范大学学报, 2011 年 1 月, 第 43 卷第 1 期, 第 34 - 39 页.

于相关的技术尽管客观的并行存在着，但由于学科的分野，筑起了信息沟通的隔膜，妨害了专家学者的有益联想，才造成现代技术运用上的死角。当然，真要利用这样的现代技术，去服务于石漠化山区的植树造林，其成本会高得惊人，绝不是时下所规定的植一亩苗木补贴150元可以解决的经费难题。而当地苗族的解决办法，特点在于，出奇的简单和省事省力。但这样的省事省力，就实质而言，来之不易。原因在于，这些农民在日常的耕作中经过反复的实践，才总结出了我们只需要几句话就可以讲清楚的经验。他们为获得穿透地表的感知能力，几乎是耗费了毕生的精力，在年复一年和种植中，才摸索出这样的经验来。我们将上述总结反馈给苗族听时，他们总会不以为然地说，这不足为怪，我们种玉米时早就注意到了这一点，谁也不会往没有土的岩石缝中塞玉米种。对这样的反馈，我们只能说，他们对当地自然物的认识确实比我们的专家学者还要精当。遗憾的是，他们并不知道什么是知识产权保护，更不会想到要申报专利。因而，在发掘这些地方性知识时，我们不得不感到一种责任感。面对这样的地方性知识发掘和利用，我们到底能为这些农民做什么？他们积累经验，积累地方性知识，目的其实很简单，为了生存。而我们动用这些知识和技能时，却不能给他们带来直接的利益。不理解他们者，甚至指斥他们愚昧落后。其实，这也是一种观念转变的问题。长期以来，学术界一直认定，喀斯特山区的土地石漠化是土地资源的癌症。但苗族乡民对此却不以为然，他们虽然切身感受到利用这样的土地资源不仅劳力，还要劳心，但是他们绝不会认为已经石漠化的土地不可能利用，也不相信这样的土地石漠化不能恢复生机。而是认定只要注意地观察和尝试，困难是可以克服的。

我们接触的善于驯养野蜂的苗族农民，他养蜂并不像我们那样，在人工的监控下分巢，而是采摘岩缝中的野蜂巢，带回家来驯养。我们询问他如何能找到野蜂巢，他的回答出奇地简单，但却绝对准确无误。他告诉我们，采蜜回巢的蜜蜂非常爱清洁，一定要在归巢前排掉粪便，才携带花粉和花蜜回巢，以至于在靠近蜂巢的树叶上，总会留下零星的粪便，工蜂的粪便是两三点，而公蜂的粪便则是一大滴。凭借周围树叶上蜜蜂粪便的密集程度，要找到隐藏在岩缝中的野蜜蜂，几乎是手到擒来。听到这种极为精当的观察，和准确的判断，我们很难相信他仅是一个普通的农民，而不是一个专业的物种专家。

在这里，我们无意责怪我们的专业人才，只是想证明地方性知识的不可替代性。[①] 我们深知这种不可替代性，并不体现为个人的聪明才智，也不体现为个人的勤惰，而是体现为指导思想的差异。专业技术人员追求的是，规模性的获利，因而不得不忽略获利过程中不可避免的对自然生态系统的损害。只要这种损害不妨害获利，在情理上都可以说得过去。而这些苗族乡民却是着眼于与自然界和谐共存，因而能坚持不懈地专注于品味如何与自然物相互磨合，达到合适的境界，因而对能观察的自然界的细微差异都会不遗余力。既然指导思想不同，两者之间自然不具有可比性。我们只能承认，两者都有存在的价值，但两者的价值都仅具有相对性。也正因为如此，要利用这样的地方性知识，肯定会遇到意想不到的困难。一方面，即使认识了地方性知识，即使按照科学的规范对这样的地方性知识做出了明确的认证，要将这样的地方性知识推介给专家学者，或者推介给其他乡民，要付诸应用，都会遇到观念转变上的困难。另一方面，这样的地方性知识，其适用范围到底有多大，由于指导思想不同，显然不能单凭逻辑推断去做出判断，而是需要靠不断的实践和磨合中，才能界定其适用的范围。由谁来完成这一磨合过程，同样是一大难题。最后，这样的地方性知识，本身不像普同性知识那样具有严密的逻辑性，接受和利用这样的地方性知识，不能靠逻辑推断，只能靠试运行去验证。这也会加重推广过程中的艰难。因而，我们虽然希望尽可能地利用地方性知识去解决石漠化灾变救治的难题，但凭借我们的理解，要作到这一步，其实还有漫长的路要走。有鉴于此，本报告提供的建议，我们必须郑重的声明，仅具有参考价值，而不敢过分自信。

## 第三节　地方性知识对保护麻山地区生态环境的重要性

地方性知识是一定地域的人民在长期的历史发展过程中通过体力和脑力劳动创造并不断积淀、发展和升华的物质和精神的全部成果和成就，包括物质文化和精

---

① 杨庭硕. 论地方性知识的生态价值，吉首大学学报（社会科学版），2004 年 7 月，第 25 卷第 3 期，第 23 – 29 页.

神文化。[①]地方性知识的确认对于传统的一元化知识观和科学观具有潜在的结构和颠覆作用。[②] 它打破了人们对生态问题只对技术,经济等普同性知识的依赖。从而认识到,维护人类的生态安全当然需要各种工程维护措施,但更需要的却不是单一的对策,而是协调一致的可持续社会行动。[③] 杨庭硕在《论地方性知识的生态价值》一文中指出民族地区的地方性知识一直在潜移默化中规约和引导着不同群体的人们社会行为,把握一种地方性知识就能够将社会行为引入有利于生态维护的轨道上去。他认为地方性知识在民族地区生态保护上主要作用包含地方性知识的不可替代性,成本最为低廉和严格适用范围能够最大限度避免误用。[④] 正是由于地方性知识在民族文化中的这些特性和其对生态保护起到的独特作用,使得其在民族地区生态问题上具有独特的优势。[⑤] 一切本土生态知识都是特定民族文化在世代调适与积累中发育起来的生态智慧与生态技能,都系统地包容在特定族群的文化之中,本土性生态知识的本质在于对生态环境的高效利用与精心维护。生态资源靠文化去定义,生态资源的配置和利用靠文化去实现,而达致区域的生态安全。因而,具体的生态问题需要依靠特定的文化去解决。如果忽视或者在无意中丢失任何一种本土生态知识,都意味着损失了生态维护中不可替代的生态知识与技能。因此,利用本土生态知识去维护生态安全是一种最有效的生态维护方式。[⑥]

## 第四节 麻山生态保护的有效途径

要摆脱困境,为麻山地区石漠化灾变救治找到一条出路。关键在于总结以往救治对策的共性偏颇。在纠正这些偏颇的前提下,探索新的救治思路。以往的救

---

① 安富海. 论地方性知识的价值, 当代教育与文化, 2010 年 3 月, 第 2 卷第 2 期, 第 34 - 41 页.

② 叶舒宪. 地方性知识, 读书, 2001 年, 第 5 期, 第 63 - 64 页.

③ 蔡运龙. 自然资源学原理[M]. 北京: 科学出版社, 2000.

④ 杨庭硕. 论地方性知识的生态价值, 吉首大学学报, 社会科学版, 2004 年,第 3 期, 第 43 - 44 页.

⑤ 章昌平. 王力峰, 陈洁, 地方性知识与民族地区生态的可持续发展, 绿色科技, 2011 年 12 月, 第 12 期,第 184 - 185 页.

⑥ 罗康隆. 地方性生态知识对区域生态资源维护与利用的价值, 中南民族大学学报(人文社会科学版),2010 年 5 月, 第 30 卷第 3 期, 第 43 - 48 页.

治对策表面上各不相同,但实质只有一个:那就是套用汉族发达地区的农牧生产模式和思维办法,去规划技术引进、社会改革和政策执行。这种做法早已受到了严峻的质疑,它忽略了文化的差异,与近年来倡导的文化环保论相背离。[①] 而麻山地区的生态结构具有独特性,汉族发达地区行之有效的技术措施,在这里不具备起码的适应能力。汉族地区的社会组织形式和相应的价值观念与麻山地区的苗族群众的实情不同,致使各种救治对策都得依靠外力推动才能勉强执行,麻山地区的苗族群众则成了被动接受的旁观者,他们本身的生态智能和技能无意中受到抑制。因此,探寻新的救治出路,就是要最大限度地发掘和利用当地苗族群众的传统生态智慧和技能,激活他们潜在的主观能动作用,让他们用自己的办法,按照他们对生态环境的理解,去开发利用当地生物资源和无机资源。凭借利用方式的改变,避开当地生态结构的五大脆弱环节,从而在有序利用的过程中推动当地的生态恢复。这是一种依靠文化运作而实施灾变救治的新方案。凭借我们对麻山地区传统文化的调查和理解,我们坚信这种新的救治思路不仅在理论上可以成立,而且在当地个别社区也找到了生态建设的成功范例,足以证明这一救治思路的可行性。

图 7.4.1　破旧的草屋(杨成摄)

第一是磨合推进原则。"磨合推进"意为对石漠化荒山恢复生态系统施加适度的干预,诱导它发育成另一种我们需要的生态系统,那就是喀斯特山区"原生性的藤蔓丛林生态系统"。所谓"藤蔓"、"丛林生态系统",就是整个林相表现为高大乔木与攀缘类、匍匐类藤蔓植物相错杂,藤蔓植物的生物总量大于直立乔木的生物总量,一般要超过整个丛林生物总量的1/3,而直立乔木的生物总量则

① 洪大用. 社会变迁与环境问题[M]. 北京: 首都师范大学出版社, 2001.

要低于1/3。[①] 因而从事生态恢复不是种一种树，或者养活一批树的问题，而是推动一个生态系统整体发育的系统工程。因而，当事人需要同时种植很多种植物，引进很多种动物。当然所引进的主要是当地已有的生物，但不排除外来生物，在引种生长的过程中，当事人要与各种动植物"对话"，观察各种动植物的生长样态，发现它们之间的依存制约关系，然后再从中加以调解，使它们相生而不相克，确保进入林地的生物能够在生物制衡过程中协调成长，用最小的代价推动生态系统演替。在这一过程中，进入林地的各种生物不会屈从于人的意志而要按照自身的生命规律去生长，人们必须慢慢地了解不同生物的"物性"，顺应它们的"物性"，使多种生物并存发育。只有这样，宜林地上的所有生物才能各得其所，即令是在高度石漠化的荒山，生态恢复的难点也可以迎刃而解。

要让已经蜕变的石漠化"荒草灌丛"过渡到"藤蔓"。丛林生态系统显然不能只种某一种或某几种树，而要将各种适宜当地生长的植物都引种进来，从一开始就考虑到这是一个生态系统，而不是一批孤立的树，这才是"磨合推进法"的精髓所在。可见，所谓"磨合推进法"的实质，就是在人的观察和有限干预下，驱动各种生物物种在已经石漠化的荒山上去探寻自己的生存空间和发展余地，人的作用仅止于在文化的推动下，不断地观察、思考并有针对性地对那些生长困难的动植物提供一点帮助，让它们渡过在当地生存的难关，因此这是人与自然对话的过程，也是人类能动适应自然的过程。

第二是最小改动原则。对土壤的最小翻动甚至不动土的耕作，是罗甸县大关乡村民治理石漠化的经验。治理石漠化的这一经验可以从两个方面来审视，一要审视村民的稻田情况，二要审视恢复后的藤蔓与丛林生长情况。对于稻田，村民承认花了很大的力气才修成，而且修筑一亩稻田需要半年时间、上百个劳动力。修成以后还不稳定，遇到水田漏水得重新翻修；遇到供水不足还需要另建储水池。考虑到文化与市场对稻米价值的定位，村民的这些做法其实也是迫不得已，为的是要在最不适宜稻田耕作的喀斯特山区开出稻田来。但对于恢复藤蔓与丛林生态系统，

---

① 田红，邹珺．麻山苗族农作物的配置与石漠化灾变救治，贵州农业科学，2009 年，第 37 卷第 1 期，第 182 – 184 页．

村民的做法却是最有启迪价值的明智抉择，他们坚持了“最小改动”原则。其思想精髓在于，与其靠人力和大自然“硬拼”，还不如仅变其不可不变之处。例如，石漠化荒坡没有高大乔木，找准合适的地点相机补种就够了。而原生的土石结构看上去很粗糙，很不入眼，但它是千万年来积淀的结果，它自身就有很强的稳定性，任何植物只要得到准确定位，在它可以成活的立地条件下，至于以后的生长，人们完全不必越俎代庖，也就是说，人们活动的目的不是去改变这里的环境结构，而是顺着环境去耕作。应该说，这是一种把握好分寸的适度理念。

第三是弥补缺环原则。这是村民将一种极为简单的农事操作恰如其分地用来弥补当地环境的缺环。事实上，当地生态恢复的实质在于靠人为的引导再来一次生态改性。改性前和改性后是两个截然不同的生态系统，因而这两者之间必然存在很多缺环，这样的缺环是各种生物自身无法克服的。[①] 古人云：“物各有性，不可推移”。每种生物都只会按照自己的本能去生长发育，它们不可能意识到下一步会遇到什么样的磨难。但贵为“万物之灵”的人类却可以凭借自己的知识和智慧，预先知道这些缺环并引导生物在其生长过程中弥补即将面对的生存缺环。贵州紫云县宗地乡村民的做法正是针对石漠化灾变后必然发生的超常高温这一关键缺环加以适度干预，引导植物向有利于补足缺环的方向生长蔓延，借助生物的生长加以弥补，因而可以将村民的这些做法归纳为“弥补缺环原则”。

我们在麻山的观察和调研中注意到，麻山地区的石化坡面上残存的植物大部分是种子颗粒较小、凭借风力和流水传播的耐旱植物，主要是禾本科、菊科和苋科类植物。藤蔓植物仅是在偶然情况下才能长出一两株，自立繁殖成活极为困难。根据村民治理石漠化的经验，当地需要更多的藤蔓植物生长，而当地恰好缺少木本藤蔓植物，原因在于像豆科的葛藤、岩豆这样的藤蔓植物，它们的种子粒度较大，不可能自己落入土中生长，石漠化一旦酿成后，仅存的土壤都陷入岩缝中或坍塌覆盖的石块下，而岩缝的开口不仅很小或岩石覆盖，而且还被耐旱的植物先行填满，在物种间的竞争过程中，藤蔓植物的种子落入岩缝的机会不到十万分之一，结果是这

---

① 白晓泳等. 喀斯特山区不同强度石漠化与人口因素空间差异性的定量研究，山地学报，2006 年，第 2 期，第 242 – 248 页.

里最需要木本藤蔓植物却偏巧长不出藤蔓植物来，这就是真正需要填补的缺环。对人类而言，要填上这个缺环易如反掌，只需要在找准的岩缝上戳个小洞，把植物的种子放进去就行了。

此外，在自然情况下，蕨类植物和苔藓类植物的孢子只能顺着水流从坡上向坡下繁殖，在原生状况下，可通过鹿科动物觅食传播孢子，但是石漠化灾变后，这些动物也没有了，苔藓类和蕨类植物都传不到山上去，而让这些植物长上山去又是治理石漠化的关键一环。当地老乡通过将水冲下来的土搬回山上进行弥补，花费的劳力不太多，生态建设也能搞好。

除了种子进不来外，还会遇到另一类缺环，那就是石漠化荒山的水土运行也不通“人性”，它们只会从山顶直泻山下。而从事喀斯特石漠化荒山的生态恢复，植物的立地位置又大都局限在岩缝开口处，而且按照杨明生的经验，岩缝的交叉点是最佳的立地位置，①这就构成了需要弥补的另一个缺环。要填补这个缺环，就得教会水土按人的意志走。杨明生和韦小山都提到了这一点，办法是在这些最容易种活植物的位置，不能种了就不管，还要替它们挡水。做起来也很简单，可以在岩缝中插入一个小石片，使直泻的山水绕道而行；也可以在岩缝中留下枯草灌丛，将需要种植的种子直接定植在荒草和灌丛荫蔽下的岩缝中。暴雨时节下泻的山水就不会直冲而下，相反携带的泥沙会借助山水的回流，淤积在新种植物的周围。总之，要引导蜕变的生态系统演变成良性的生态系统，其间的缺环都得靠人巧妙地调动生物属性加以弥补，这样就可以坐收生态恢复的成效。②

发掘利用当地各民族的传统生态智慧与技能，并以此为基础，筛选与之匹配的科学技术手段，推动现代科学技术与地方性知识的接轨，诱导相关民族进行文化的再适应，靠文化的运行去逐步消除人为生态灾变。③ 采用此类措施成功的关键在于，必须树立对各民族地方性生态知识的信心，让人们认识到这样的地方性知识是

① 李丽，柏香林. 石头上种树的智慧，人与生物圈，2009 年，第 5 期，第 62 - 65 页.

② 罗康隆. 地方性知识与生存安全——以贵州麻山苗族治理石漠化灾变为例，云南民族大学学报，2011 年，第 7 期，第 6 - 12 页.

③ 田红. 喀斯特石漠化灾变救治的文化思路探析——以苗族复合种养生计对环境的适应为例，中央民族大学学报，2009 年，第 6 期第 36 卷，第 40 - 46 页.

世代积淀的结果。只要相关自然生态系统至今未发生质的改变,这样的地方性知识仍然是有效的、是适宜的。因而应当推动现代科学技术去服务于这些地方性生态知识的创新,绝不能反过来让这样的地方性生态知识去屈从于现代科学技术。只要做好这样的观念转变,可供发掘的这些地方性知识大抵可以对付眼前已经露头的各种人为生态灾变。

实施文化要素嫁接。使生态灾变区的各民族学习和借鉴适应于灾变后生态系统的资源利用新办法和管理模式,改变不适应的生计方式,靠文化的运行去消除人为生态灾变的负面后果。作好文化要素嫁接的关键在于,找准当地自然生态系统的脆弱环节,排比类似生态系统中其他民族已有的各种资源利用办法,从中筛选出可以避开脆弱环节的合适文化要素,加以嫁接引入。整个操作要尽可能立足于各民族的地方性生态知识,在文化要素嫁接成活前,不要盲目地引进现代科学技术工程手段,现代工程技术手段应当等文化要素嫁接成活后再实施引进,否则会影响文化要素嫁接的成功,导致相关民族价值观念的混乱。现代工程技术手段引入过早,不仅风险大,而且会造成牵连性的后遗影响。对此,绝不能掉以轻心。

优化民族杂居格局。对那些处于民族过渡地带的人为生态灾变,应当鼓励多民族杂居相处,以利于资源的多种利用方式并存,靠族际文化制衡机制,相互依存、相互制约,使受损的生态系统在文化运行中逐步得到修复。

强化资源管理,用多种手段促进资源利用方式的多样化。必须通过法律手段,务使当地资源利用方式多样化,使严重匮缺的地下水获得足够的补充,才能避开当地生态结构的脆弱环节,使已有的人为生态灾变在多种利用方式并行的情况下逐步得到缓解。①

---

① 罗康隆,地方性知识与生存安全——以贵州麻山苗族治理石漠化灾变为例,云南民族大学学报,2011年,第7期,第6-12页.

# 第八章　麻山地区石漠化救治与扶贫开发

石漠化灾变救治，是一项涉及范围很广的生态工程，凭借上文的分析，我们已经明确完成这项工程需要通过文化的正常运行去实现。需通过改变资源利用方式，去逐步地完成建设目标。为此，本书的对策建议，自然需要对这项生态建设工程的有关方面作一个系统的说明。而不能将视野局限于眼前的功利得失。这样才能确保这项生态工程的稳步推进，不会因为临时性的变动而干扰建设目标的实现。

## 第一节　麻山地区石漠化救治目标

石漠化灾变救治的具体目标当然是要实现石漠化灾变区的生态恢复。然而，生态恢复的具体内涵必须加以澄清。生态恢复，绝不意味着，随便种上什么样的树和草，只要它能存活，就算完成了建设目标。也不意味着，森林生态系统越多越好。因而，将石漠化灾变的救治简单化的理解为不加区别地种上树，使之存活就算了事。我们必须牢记，为救治石漠化灾变而推行的生态灾变救治工程最关键的要求在于，是要恢复一个可以自立运行，能够稳态延续的生态复合体。因为，只有这样的生态复合体，才能可持续地为人类提供源源不断的生物资源，支持人类社会的可持续发展。如果我们种上了树，种上了草，却需要人类不断地加以养护才能勉强存活。那么即使种活了树和草，也是一件得不偿失的事情。如果，我们种上了树和草，但形成的生态系统不能稳定延续，经不起当地必然发生的机遇性自然的灾害袭击，生态系统不能稳态延续，人类社会也就很难稳定地加以利用。这也不能算是实现了生态建议的目标。喀斯特山区的自然地理结构，有其固有的本底特征。这样的本底特征，人类社会即使凭借现代科学技术，也不可能加以再造。而只能凭借现代技术，认识它的固有特征，利用好这些固有特征。依赖这样的固有特征去支持相应的生态系统稳定存在，才能确保恢复起来的生态系统能够自立运行，能够稳态延续。据此可知，喀斯特山区的生态恢复，绝不能简单的理解为，随便恢复成什么样的生态系统都成，而只能理解为，立足于喀斯特地区的已有的本底特征，恢复为曾经存在过的生态系统复合体。这才是石漠化灾变区生态恢复的正确行动目标。

实现这一目标，绝不是为了恢复而恢复，也不是为了观赏而恢复，更不是为政绩而恢复，而是为了相关民族的可持续利用而恢复。人本主义精神，必须贯彻于这项生态工程的始终，毫不动摇。为此，当地各族群众的具体生态需求全国范围内的生态效益，都应当在此项生态工程中得到体现和落实。我们在此项工作中，绝对不能见树不见人，见草不见人。忘记了人的因素，即使种上了草和树，也不配称作实现了生态建设的目标。

生态建设工程的目标，还必须有明确的时效性。从终极意义上讲，只要人类绝对不加以干预，任何石漠化的荒山，不管它多么严重，它迟早总会恢复成适合它的自然本底特征的生态复合体。当然，这样的生态复合体也肯定是可以自立运行和稳态延续的。然而，人类社会是一个不允许中断的准生命系统。人绝不能空着肚子等待一百年，让石漠化灾变区自然恢复。为此，不管任何形式的石漠化恢复工程，都必须兼顾人类社会的不可中断性，都必须明确每一个步骤的具体目标，和具体实现。否则，这样的规划起来的生态工程，对人类社会而言，将会毫无意义。

换句话说，此项生态建设的目标，必须具体体现为，加快生态恢复的速度，满足当地，乃至全国社会经济发展的需要，而绝不允许使之流变为一种可以时断时续的政策任务。

要保证恢复的生态系统具有自立运行和稳态延续的能力，最稳妥，最有效的手段莫过于用喀斯特山区已有过，并曾经稳定延续过的生态复合体为蓝本。这样的蓝本，随着已有土地的石漠化，当然已经消失了，或者已经严重变性了。但是，在科学发达的今天，我们完全可以动用多学科综合研究的手段，去加以复原。对生态人类学而言，在这方面，更应当发挥其独特的积极作用。该学科可以通过对当地各民族地方性生态知识、技术、技能的文化功能分析，去准确地再现已经消失的原有生态复合体结构特点。只有依靠这样恢复起来的蓝本,作为生态建设的行动目标,石漠化喀斯特山区的生态恢复建设目标才能具有明确的行动方向和各步骤的需要完成的既定指标。

## 第二节　麻山地区石漠化生态建设原则

喀斯特石漠化山区生态恢复工程是一项立体的系统工程,实现工程的既定目标必须妥善协调各层次、各方面的错综复杂关系,建构和谐的人地和人际关系,通过各方面的协同努力,逐步稳妥的落实各项建设任务,才能做到对资源的高效利用和生态维护的统一辩证。并在这一前提下,推进石漠化荒山的生态恢复。为此,必须坚持毫不动摇下述四项原则。

**A. 尊重当地生态结构的本底特征**

喀斯特山区的自然地理结构是数千万年来,大自然运行的产物。在这样的自然地理结构中,能够支持什么样的生态系统稳定存在,完全受自然规律所支配。人类社会,即使动用现代的高科技,也无从改变千万年形成的自然地理特点,人类社会的主观能动性仅仅体现为正确地认识自然和利用自然,而绝对不是再造自然。任何企图再造自然生态环境的作法都是愚蠢的念头,必然遭到大自然的无情报复。具体到喀斯特山区,则表现为五大脆弱环节的客观存在。这五大脆弱环节,人类的社会力量都无法修复,人类社会的明智举措只能表现为规避这些脆弱环节,顺应当地自然地理特点,巧妙地利用喀斯特山区的自然地理特点,以造福人类。① 因此,喀斯特山区生态恢复的使命正体现为,在规避这五大脆弱环节的前提下,动用人类的社会合力,能动地加速已经石漠化的喀斯特山区的生态恢复。并且保持这种生态系统的稳定延续,以利于人类社会的可持续利用。

喀斯特山区所支持起来的生态系统,虽然客观存在着五大脆弱环节,但这样的

① 吴正彪,避开喀斯特生态脆弱环节,建构环境友好型社会经济发展模式的思考,贵州民族研究,2006年,第5期(第26卷总第111期),第44-48页.

生态系统复合体同样能够可持续的为人类提供生物资源和无机资源。[①] 对这人类社会而言，这样的生态系统复合体，同样是无价之宝，人类社会不仅可以利用它，而且还可以高强度的利用。只要这种利用不冲击到上述五大脆弱环节，有效的利用本身就可能发挥生态维护的功能。事实证明，能够稳定延续的喀斯特山区生态系统复合体，不仅可以支持狩猎采集产业，特种畜牧业，也可以支持农业类型生计方式的稳态延续。在条件许可时，也可以发展旅游业和工矿企业。然而，无论建构什么样的产业，都必须以不冲击上述五大脆弱环节为前提。其中，发展农业不是不可能，甚至发展高效农业也可以做到，但前提是，必须尽可能地不动土，万不得以时，也必须少动土，当然更不能采取机械冲击的方式去获取短期的效益。因为在喀斯特山区，地质结构具有特殊性，翻动土壤，强烈的机械冲击都足以破坏其地质结构的稳定，致使依托于这种自然地理结构的生态系统严重受损，使人类社会无法再加以利用。

总之，在喀斯特山区可以建构各式各样的产业，可以凭借这些产业使当地各族群众受益，使全国间接地分享生态恢复后，所获得的生态效益。但所建构的企业必须是惜土如金，惜水如金的节约性产业，而不允许建构浪费性的、冲击性的产业。因为这样的产业会破坏当地生态系统的稳定性，冲击当地生态系统的五大脆弱环节，即使在短期内获得经济效益，都会破坏生态系统的稳定，给麻山乃至全国造成不可弥补的损失。规避五大脆弱环节，正是尊重当自然地理结构本底特征的具体化，不管以什么形式，在多大程度冲击了这五大脆弱环节，实质都是对自然规律的践踏和漠视，任何形式的生态建设工程绝不能干这样的蠢事。

**B. 尊重地方性知识**

利用自然必须植根于认识自然，认识得越深，越准确，才能可能做到利用的巧妙，利用的效益高。然而，喀斯特山区地质地理结构、生态结构具有复杂性、多样性和微缩性，在十分有限的一个空间范围内，就可能表现出多种多样的土石结构、水土结构、气候结构和生态结构。认识和了解这样的复杂结构，任何人都需要凭借漫

---

① 田红，彭大庆. 本土生态知识的发掘与生态脆弱环节，原生态民族文化学刊，2009 年，第 1 卷第 2 期，第 104 – 108 页.

长岁月的积累,认识这种缩版式的复杂结构,都得耗费漫长的时间和巨大的精力。麻山地区各族群众的地方性知识,正是经历了千百年积累后,沉淀下来智慧结晶和技术技能总汇,其精确性、丰富性各具体性,完成足够支持喀斯特山区的任何产业建设。忽视、轻蔑这样的地方性知识,既是人力物力的巨大浪费,又是对当地群众主观能动性的践踏,是一种愚蠢的偏见。动用现代科技手段,当然也可认知喀斯特山区的一切特性,但是正因为喀斯特山区的自然地理结构具有多样性、复合性和微缩性,动用现代科技手段都必然成本高昂,而且需要同样漫长的岁月积累,更需要巨大的人力、体力和智力投入。[①] 因而,撇开已有的地方性知识,全凭现代科技知识去认识喀斯特山区的生态地理结构,必然造成人力和物力的极大浪费,而且肯定赶不上喀斯特山区生态恢复的紧迫需要。因此,展开喀斯特山区的生态恢复工程,必须尊重当地各民族的地方性生态知识,必须动用社会力量发掘利用这些地方性,并推动这些地方性知识与现代科学的接轨与兼容,才能有效地支持生态工程的建设。

**C. 尊重科技人员的劳动**

各民族的地方性知识虽然具有不可替代性,但也存在着不容忽视的局限。首先,一切地方性知识都要受到生存地域的限制,其视野必然十分狭隘,若不展拓其视野,就难于与全国的生态建设行动保持同步和协调,也无法获得来自全国的支持和配合。其次,一切地方性知识总是表现为具体经验的积累,并与特定的传统文化相互粘联,并落实到具体社会个人的社会行为中,以至于一切地方性知识必然缺乏系统性和逻辑推演的能力。它与普同性知识只能相互支持,相互推进,而绝不能替代现代科学技术。最后,一切地方性知识的解释体系都无法加以实证,都属于感性知识的积累,它的解释体系与经验本身难以建立具有普适能力的理论框架。地方性知识的有效性,自身不能验证,必须仰仗于现代科学技术,才能解读其科学原理,并使这样的地方性知识获得普及、推广的能力。上述三个方面的缺失,都必须仰仗科技人员的辛勤劳动去加以补足。因此,发掘利用各民族的地方性知识,绝不意味

---

① 田红. 喀斯特石漠化灾变救治的文化思路探析——以苗族复合种养生计对环境的适应为例, 中央民族大学学报(哲学社会科学版), 2009 年,第 6 期第 6 卷, 第 40 - 46 页.

着否定科技人员的劳动,否定现代科学技术的价值,而是要推动现代科学技术与地方性知识的有效结合和相互兼容。因此,展开喀斯特山区石漠化的生态恢复工程,必须尊重科技人员的劳动,必须吸引更多的科技人员参与生态建设工程,必须引导科技人员作好地方性知识的发掘利用工作,宣传推介工作。生态建设工程才可望获得现代科学技术的支持配合。因此,建构科技人员与当地群众的和谐人际关系,必然是生态建设工程能否成功的人和基础。

**D. 尊重当地群众的知情权和选择权**

我们必须牢记,喀斯特山区的生态恢复是一项浩大的工程,没有当地群众这个主体人群的参与,绝对不可能做好。由于喀斯特山区的地质地理结构具有微缩性和复合性,要动用现代科学技术手段去查清哪条岩缝中夹杂着土壤,哪一条岩缝与地下溶洞相通,哪一地段下面有伏流或者溶洞,哪一地段有地漏斗,虽然可以准确做到,但必然要耗费巨大的人力、物力,动用大量的技术设备,这是一种很不经济的做法。若不将当地群众作为主体,让他们贡献自己的地方性知识,虽然无法启动这样的社会工程。由于,喀斯特山区的地质地理结构客观存在着脆弱环节,不能承受巨大的机械冲击,因而,现代化的工程机械,在喀斯特山区的生态恢复中完全无用武之地。轻率地动用大型工程机械,反而会造成更大的生态损失。实现喀斯特山区生态恢复工程的目标,在很大程度上只能仰仗于密集的体力劳动。这就需要耗费大量的劳动力,而且是对当地知情的劳动力,这样的劳动力只能仰仗当地各族群众提供,离开了当地群众,生态工程将无从做起。生态建设的目的是为了更好的利用,而喀斯特山区生态资源的利用又必须具有复合性,这样的利用又不适宜兴建大规模的产业。① 因而,即使生态工程恢复完成后,可能建构的产业也必然是劳动密集型的产业,这更需要当地各族群众的广泛参与,才能实现高效利用与生态维护的两全其美。因此,这项生态工程,必须以当地各族群众为建设主体和依赖力量,也是最直接的受益对象。为此,若不尊重当地群众的知情权的选择,不能借此调动他们的主观能动性和积极参与,生态建设工程将无从谈起。我们必须吸取以往仅凭

---

① 彭晚霞,王克林等. 喀斯特脆弱生态系统复合退化控制与重建模式,生态学报,2008年2月,第28卷第2期,第811–820页.

善良的愿望出发，瞎指挥的惨重教训。不尊重当地群众的知情权和选择权，光凭行政干部和科技人员的越俎代疱，光凭行政干部和科技人员高高在上的瞎指挥，只会加剧当地的石漠化。要搞好生态建设，必须对当地群众以诚相待，尊重他们的主体地位，将知情权和选择权返还给他们，生态建设工程才有指望。

## 第三节　麻山地区石漠化生态建设任务及服务

### 1. 生态建设任务

通常的建设工程规划都需要明确近期、中期和远期的工程建设步骤，但麻山地区石漠化生态恢复工程却不适宜按时间先后规定工程进展。这是由于三个方面的原因导致的后果。其一，在麻山地区生态受损的程度互有区别，不同程度的石漠化地区在空间分布上不成片，很难按时间进度统一规划建设步骤。对严重石漠化的地区，严格按照可行性相机、相地植树种草至关重要。轻度石漠化地区，工程一启动就可以立即投入植被扩大的活动，或者调整植被结构的任务。因而，统一规定时间进度，去落实建设任务没有直接意义。允许各族乡民有选择的去完成不同的建设任务，更为可取。其二，麻山地区各地的自然地理结构又互有区别，格往河沿线各地有较多的水资源和较厚的土层，完全可以一步到位着手植被结构调整和产业规划。但是在宗地大小得昭一线，旱季极度缺水，山地基岩裸露，建构水平生物坝的任务刻不容缓，兴建储水设备更其紧迫。两者之间，显然不能按相同的步骤展开生态建设。大小麻山和述里一线，虽然岩石裸露的面积较大，但气候相对潮湿，峰丛洼地底部土层较厚，扩大植被蔽护范围，在工程启动时即可着手展开。但打郎木引一线，石漠化程度最高，但地势较低，地下水位较浅，堵塞地漏斗工程难度不大，可以优先考虑在地理条件合适的地方先行采取措施恢复地表溶蚀湖更为迫切。①其三，各地群众目前的生计方式差异较大。宗地、红岩、妹场、白花一带旱地农耕高

① 蒋忠诚，李先琨等. 岩溶峰丛山地脆弱生态系统重建技术研究，地球学报，2009 年，第 30 卷第 2 期，第 155 - 166 页.

度定型，建构水平林带需要占用耕地，因而需要先实施产业转型，优先解决植被结构的调整更为迫切。述里、罗元一带地广人稀，并有零星的构皮林、栗木林分布，扩大植被范围难度不大，因而应当优先启动植被范围扩大，扩大养羊规模更为可取。正是综合考虑了上述三个方面的因素，因而麻山地区的生态恢复工程只明确必须完成的五大任务，不具体规定各项任务启动的先后。可以由当地乡民以自然村为单位，灵活选择其中的一项或两项任务展开生态建设任务，取得成效后，再启动其他的任务更能切近实际需要，建设成果也容易巩固。

**A. 建构平行生物坝**

建构平行生物坝是指沿等高线，借助苗族乡民的地方性生态知识，利用石缝中的残存土壤，培育灌丛草带。若草带穿过的岩缝可以定植乔木，直接定植乔木更为可取。这种作法当地苗族乡民早已熟知，无需培训就能顺利完成。需要作的工作仅在于，组织群众以乡规民约的方式约束乡民共同维护水平生物坝即可，或者将各家户所建的水平生物坝联结起来即可。建构水平生物坝的作用，是利用复合生物群落截留下泻的泥土，使泥土在生物坝间沉积下来，逐步加厚土层，并逐步扩大岩石蔽护范围和植物覆盖范围。事实上，只要水平生物坝一旦沿等高线连通，土地覆盖范围和植被覆盖范围都会自行扩大，无需继续投工投劳，都能收到遏制石漠化的生态恢复功效。水平生物坝的建构宽度在启动时，只需0.5～1m即可，上下两条水平生物坝之间的距离可以控制在50～80m。在峰丛洼地的底部，水平生物坝的建构应当高于洼地底部边沿2～3m。相关农户不需要全面退耕，只退耕生物穿遇地段即可，其他地段可暂时继续耕作。等待植被蔽护范围扩大后，在相机转产，同时有步骤地扩大退耕范围。建构生物坝，从动工开始，就需要兼顾到日后的利用，所选用的先锋植物，无论是木本，还是草本，都要尽可能选用当地已有物种，优先选用经济价值高的物种，如构皮、桐油，各种饲草等，也可以选用干果果树，但树下的灌丛和草类不允许清除，务使保持自然生长状态，以利发挥截留下泻土壤的作用。由于建构这样的生物坝，退耕范围极为有限，推行起来难度不大。与目前退耕后严格要求不允许任何形式的利用不同，这样建构的水平生物坝，应当允许乡民有节制的利用，割取牲畜饲草，采收构皮纤维都不予禁止。前提只有一个，不允许动土，并保证刈割和利用后，根株可以再生，就不加以任何限制，也就是仅退耕，但不停止使用。[①]

目前，在麻山地区正在推行的筑石坝、修梯土的作法，利少弊多，应当停止推行，转而鼓励乡民建构生物坝。当然，已经构筑了石砌坝的也不应当放弃，而是利用石砌坝为依托，培育水平生物坝。

**B. 相机扩大植被范围**

如果石漠化程度不高，当地已有零星的植被分布，农田也相对稳定，可以不先构筑水平生物坝，而是在已有植被或耕地边沿有计划地种植和维护能迅速蔓延野生或者家种植被，最好是有经济价值的藤蔓植物。如葛藤、佛手瓜及其他葫芦科的植物，和藤蔓型的豆科植物。将这些植物的藤蔓引向裸露的石岩和石山，如果耕地不十分缺乏，也可以种植爬山虎或岩豆一类的植物。目的是使这些植物的藤蔓尽快将裸露的岩石荫庇起来，为下一步引种厥类和苔藓类植物创造条件。对这类植物只允许收取果实，不允许毁掉藤蔓，即使枯萎，也让其就地干燥，重新补种，直到裸露的岩石完全被荫蔽，才改种参薯、沙药、木薯一类有经济价值的块根藤蔓植物。务使裸露的岩石继续保持荫蔽状态。但对这些有用植物的块根允许按计划收割，并相机淘汰对喀斯特山区有害的玉米一类直立高秆农作物，使居民的粮食来源逐步转向取食豆科植物或重生粮食作物和块根藤蔓粮食作物。务使通过食物结构的调整，既让地表始终保持高度的覆盖率，而居民的粮食供给又不受到冲击。在一期段，如果岩缝中夹有较多土壤的地点，则利用当地苗族的地方性知识，激励乡民在这样的地点有计划的培育经济价值较高的木本植物，进一步扩大地表的植物覆盖面积。也可以引进其他民族有成功种植经验的木本粮食作物，如我国栗粟族、拉祜族目前正在使用中的董棕，贵州望谟县油迈乡瑶族供作粮食用的芭蕉。通过这样的食物结构调整，改变目前单纯依赖玉米为主食的被动局面。在高效利用地力的同时，稳步提高地表的覆盖率。在这一过程中，应当有计划地沿等高线建构水平生物坝，将不同的植被块和耕地串起来，发挥全面截留下泻泥土的作用。只要裸露的

① 唐永甜，袁翔珠. 论西南石灰岩地区少数民族保护土地资源习惯法，2010 年，第 2 期，绿色经济，第 67 – 70 页.

岩石荫庇成功，下泻的土壤截留达到一定的厚度，厥类和苔藓一类低等植物，就会在高等植物的荫蔽下在裸露的岩石表面着生，形成稳定的苔藓层。这样的过程，一般需要两到三年。苔藓层一旦形成，耕地缺水的现象就会得到极大的缓解。玉米的种植范围可以进一步缩小，小米、红稗、荞子、天星米、薏苡和多种豆科粮食作物就可逐步替代玉米的地位。[①] 从而消减大面积单独种植玉米所带来的生态负作用。并可以依托当地特种植物形成产量较多的特色产品，如葛麻、构皮、棕片等，为当地获得较高的经济收入。如果从构建生物水平坝起步，则可以采用上述办法向水平生物坝上下两个方向，按上述规范逐步扩大水平生物坝的宽度，从而实现尽快蔽护裸露岩石的目的。

完成这一任务，真正的阻力不在当地苗族群众，而在于我们的行政干部和科研人员。事实上，目前尽管外界都知道麻山地区是以玉米为主食，但是据我们的实地调查，整个麻山地区玉米在粮食总消费量中所占比例平均只占60%，当地居民真正偏的粮食是小米，而不是玉米，而补缺粮食不足空缺的粮食品种，主要是豆科粮食作物，如懒豆、饭豆等。近年引种的芭蕉芋、参薯、菊芋，既作粮食作物，又作饲料。此外，还大量种植红薯。压缩玉米种植范围，当地苗族不会反感，只要我们讲清楚了种植藤蔓粮食作物和丛生粮食作物对生态建设有利，他们很容易接受，并且会自动推广。如果这些藤蔓类和丛生粮食作物，市场价格上扬，老百姓会更加欢迎压缩玉米种植范围，扩大植被覆盖范围的任务会完成得更快。但行政干部和科技人员往往想不通，他们往往从习惯性的偏见出发，只承认玉米是粮食作物，其他那些都不算粮食作物。当地苗族种植藤蔓粮食作物，他们会宣染为麻山贫困化。其实，这是他们视野狭隘造成的错觉。土耳其人可以用扁豆做主食，为什么我们不能用豆科植物做主食？董棕在整个南太平洋群岛都做主食种植，木薯在整个非洲赤道带都是主食，芭蕉在非洲的几内亚湾沿岸是十多个国家的主食，在麻山地区低洼地带既然可以大面积种植芭蕉，为何不能做主食用？对于此类观念上的偏颇，需要借助文化人类学民族志的资料破除习惯性的偏见，否则我们的行政干部和科技人

① 田红．喀斯特石漠化灾变救治的文化思路探析——以苗族复合种养生计对环境的适应为例，中央民族大学学报（哲学社会科学版），2009年，第6期第36卷，第40－46页．

员就不会主动地根据生态建设的需要激励当地群众调整粮食品种结构，在确保当地群众生活的同时，既能高效利用土地资源，又能发挥生态维护的功效，这不是两全其美的好事吗？

**C. 建构复合产业**

麻山地区生态结构具有多样性和复合性，即使完成了生态恢复工程，要建构连片的农田、牧场或林业都不可能，而且麻山腹地交通极其不便，再有价值的产品，若不优先解决运输问题，只能在当地深埝，甚至霉变损失，无法发现其经济价值。但麻山地区又有它的优势，正因为生态系统具有复合性、多样性和微缩性，因而它应当是产出小批量特稀农、牧、林产品的理想场所。[①] 当然，对这里的产业规划，必须优先考虑产品的价值高，运输量少，保存容易这一先决条件。为此，麻山的产业结构应当实施双轨制，消费量大的粮食产品、肉食产品，应当力求自给，但产量不能盲目提高，种植面积不能盲目扩大，必须计口而耕，略有储备即可，但价值高，运输便利的农、林、牧特稀产品，却要激励乡民大力发展，以便为当地乡民挣回更多的现金收入。

复合产业的建构的阻力也不是来自当地苗族同胞，而是来自经济学家的偏见。目前我国经济学界的主流思想是，节约化、规模化、批量化。这样的指导思想对于生态结构同质性高，范围大的内地而言，无可厚非，是具有指导意义的经济发展思想，但对麻山地区而言则不适用。在麻山地区根本不能建立连片农田，也不能建立连片牧场，森林树种更难划一，批量化从何谈起，规模化又从何谈起。因此，麻山地区的产业调整，应当建构兼有农、林、牧、副的复合特种产业。[②] 这里农业绝不能追求主导产品的规模化和批量化，而是追求小批量的特有化，比如，天星米、沙药、糯小米既可以作粮食，又可充作药材，产品批量虽然不大，但市场价值并不比种批量粮食作物低。畜牧业也一样，大规模的饲养马、牛、羊等食草动物，如果生态建设实现后，林地范围一经扩大，草场面积必然迅速萎缩，有限的作物秸秆根本不能支持

---

① 罗康隆，麻山地区苗族复合生计克服“缺水少土”的传统生态智慧，云南师范大学学报，2011 年 1 月，第 43 卷第 1 期，第 34 – 39 页.

② 罗康隆，麻山地区苗族复合生计克服“缺水少土”的传统生态智慧，云南师范大学学报，2011 年 1 月，第 43 卷第 1 期，第 34 – 39 页.

规模性的马、牛、羊饲养,但利用峰丛洼地的封闭性,饲养家鸡、锦鸡和野鸡,甚至饲养孔雀,都会投工少而收益大。发展养蜂也是有利可图的经济门类。梅花鹿、马鹿等一类的珍稀动物,也可以用最小的投入加以饲养。甚至驯养蛇在当地也有知识储备基础。对林业而言,也是如此。由于峰丛洼地的陡坡石山带石缝中夹杂的土层毕竟有限,符合规格的用材林种植不仅投工大,质量没有保证,而且还会遇到运输难题。但如果以林副产品为追求目标的林业,则非常适应于麻山地区。构皮、木棉、黄樟油,木本香料和食用染料的有计划种植却可以支撑起有利可图的林业来,而且获取这些林产品,不必实施主伐,也就是不伤根不动土,利用当地群众促进乔木再生的地方性知识,同样可以确保高效获利和高效生态维护两全其美。因而,此处所讲的特种复合产业是指,产品特有化,而产量小的农、林、牧、副有效兼容种养业。这样的产业,才是麻山地区社会经济稳步发展所需要的产业。

不少经济学家会对此提出质疑,他们会认定一旦产业家户化,产品的规格、质量、信誉都无法控制,建构复合产业肯定会流善良的幻想。但我们会认为,麻山地区产品切入市场难,并不是因为它的规模小,批量不大,或者是缺乏管理机构,而是我们不愿意动用麻山地区已有的社会机制去控制产品的规格、质量和争取其信誉。其间的原因,不在于不存在这种可能性,而在于我们国家长期以来以当地已有社会组织,不管是合作组织、社区组织,还是宗族组织去维护农牧产品的规格的质量,而是依赖各级供销社去作简单的代销。随着我国相关法律的健全,群众合作经济组织已经有了法律保障,通过社区组织去控制各家户所产产品的质量和规格,并争取市场信誉完全可行。这些经济学家的忧虑在20世纪末言之成理,在21世纪的今天则是过时之论。

**D. 围堵地漏斗**

地漏斗是喀斯特山区水土流失的主要渠道,堵塞地漏斗,恢复溶蚀湖,对改善喀斯特山区生态背景有百利而无一害,对减轻江河下游洪水季节的堤防压力,缓解江河下游旱季供水,也可以发挥巨大的效益。因而恢复溶蚀湖是喀斯特峰丛洼地区生态建设项目的关键任务。然而,完成这项任务难度却很大。从技术层面讲,本身不存在着技术难度,但水利专家却不愿意尝试。原因有三:(1)这样的水利工程,规模太小,搞工程设计无利可图。(2)水利工程习惯于拦河筑坝,就地势开渠,在这方面有成熟的资料可资借鉴,但堵塞溶蚀湖,此前类似的工程很少,没有相应的技术参数,因而设计施工比较困难。(3)工程所在位置交通不便,生活艰苦,工程技术人员很难下决心在这样的艰苦地带作奉献。从社会层面讲,阻力也很大。原因在于,当地苗族、瑶族、布依族居民的主要耕地,不管是玉米地,还是零星稻田,都集中分布在峰丛洼地底部,恢复溶蚀湖,就得占用现有耕地。当地群众从生活保证出发,很难作思想工作。而且,要完成这样的生态工程,先得着手产业转型准备,从旱地农业转向稻作农业或渔业,铺垫社会基础才能施工。从观念层面上讲,行政干部和科技人员也想不通,主要是怕担风险。然而,不管有多大的困难,完成这一任务势在必行。因为只有堵塞了地漏斗,水土下泻的势头才能遏制,喀斯特石漠化山区的生态恢复才会稳定下,山区居民的生活用水才会有着落。堵塞地漏斗,无论是形成固定水域,还是形成浅水沼泽,甚至仅仅是减缓水土下泻的速度,都有利于喀斯特山区的生态恢复。能形成固定水域,生态价值更大。因而执行这一任务,必须坚持到底。但需要给群众留下充裕思想转变时间,不能强人所难。

鉴于麻山地区地质结构极其复杂,堵塞地漏斗的工程难度差异也很大。为了作好示范,执行这一建设任务,可以先难后易。从工程容易,受影响群众少,效益大的地漏斗堵塞入手,先搞示范,再次第推广。围堵成功,要立即着手激励苗族乡民进行产业转型,利用已形成的水面发展合适的产业,尽快改善群众生活。当然也可以争取江河下游居民的资金支持,因为江河下游将是最大的受益者。至于产业转型,则需要我们的文化人类学工作者和科技工作都提供咨询,作好示范。

**E. 健全制度保证**

麻山地区的生态建设,不仅仅是麻山人民受益,更重要的是江河下游受益。目前,珠江水系沿岸各大城市柳州、芜州、广州都备受河床垫高,洪水困绕之苦,干旱季节又会备受海水倒灌之苦,这些都是珠江上游喀斯特山区土地石漠化的派生恶果。江河下游的各级政府,多次动议提供资助,支持江河上游的生态建设,这是一个良好的开端。但这个开端不能单纯地理解为善举,而应当理解为是一种义务和回报。对待这个问题,观念上决不能走样。为此,我国的生态立法应当作出明确的规定,为我国的生态建设工程建构制度性的保障。像麻山这样的地区,实施生态建设工程,理所当然的应当享受江河下游的经济报偿,也应当心安理得地享受生态资助。只有形成制度,麻山的生态建设才能与全国的生态建设协调推进。各级行政部门有责任推动这样的制度建设,使麻山各族人民享受合理的回报。

### 2. 建设服务

鉴于喀斯特山区石漠化生态恢复工程是一项庞大的系统工程,完成该工程建设的既定目标,不仅需要激励当地各族居民积极参与,靠发挥他们的主观能动性和辛勤的劳动,去完成各项建设任务,同时也需要各级政府部门协同努力,也需要工程技术人员提供信息服务和示范服务。在工程实施的全过程中,所有人都必须牢记,当地各族群众是工程建设的依赖力量。其他人员,则是为工程建设提供各种必须的服务。主客位置,绝不允许颠倒。总的说来,要完成喀斯特山区的生态建设工程,各级政府部门,工程技术人员等,必须提供如下三项服务。

#### A. 政策服务

要完成喀斯特石漠化山区的生态恢复任务,当然需要各级政府部门提供政策服务。既然是服务,就绝对不允许越俎代庖,不允许居高临下对当地群众指手画脚强制实施,也不允许将自己的良好愿望强加于各族群众。生态工程真正需要的政策服务,必须包括如下三大内容。

第一,必须营建稳定的政策环境。麻山地区的生态建设是一个长周期的庞大社会行动,政策不稳定,所有的努力都会功亏一篑。前些年,各级行政部门,政策出台过于轻率。要当地乡民修梯土,种树种草,发展果蔬,种植烟叶,都试过了,甚至年年在变换。这样的政策背景,怎么能指望麻山人民一心一意地搞生态建设。事实上,政府的职能不应当插手自己不懂的东西,而是应当保护群众搞生态建设。应当信任群众,信任他们所拥有的地方性生态知识可以搞好麻山地区的生态建设,而不应当轻信不成熟的建言,更不应当生搬硬套其他地区成功的范例。麻山有它的特点,外界成功的经验在麻山不一定行得通。行政部门不应当让麻山人民担这样风险,应当激励他们发挥自己的聪明才智去搞好生态建设。为此,麻山地区的各行政部门有责任确保政策一旦确定,至少要十多年不变。

第二,执掌奖惩大权。行政部门的职能,本身就应该惩恶扬善,搞好生态建设的人理当给予重奖,破坏生态环境的人理当重罚。执掌奖惩大权是各级行政部门责无旁贷的职能。而奖惩的准绳，只能是生态效益，不能走样。绝不能一下子要追求国民产值，一下子又要追求生活现代化。奖惩指标随意更动，必然政出多门赏罚无序。生态建设也就无从谈起了。

第三，提供制度保证。麻山地区是少数民族聚居区，我国法律有明文规定，尊重少数民族的自治权。各级行政部门绝不能借口于现代化、经济发展损害少数民族的自治权和自决权。麻山生态建设应当纳入自治权和自决权范围内，去营建制度保证，确保生态建设逐步稳妥推进，不走回头路。在这个问题上，各级行政部门绝不能推委，必须为麻山各族人民做主，帮他们维护好自己依法享受的正当权益。

**B. 信息服务**

在麻山地区开展生态建设，要依赖当地苗族的地方性生态知识不容动摇，但这决不意味着科学技术人员的作用被贬低，更不意味着现代科学技术在麻山的生态建设中不能发挥作用。相反地，麻山的生态建设亟待高精尖的科学技术投入，真正要抵制的是那种不顾麻山的特点，生搬硬套外地成功经验的错用科学技术，而不是现代科学技术本身。就我国的科技人员而言，能够为麻山生态建设作出贡献的方面很多，但集中起来可以总括为两大类。其一，提供信息服务。其二，提供示范服务。

提供信息服务又包括两个方面。其一，提供民族志信息。其二，提供科技信息。提供民族志信息，主要仰仗文化人类学工作者和社会学工作者。此外，史学工作者也能做出相应的贡献。原因在于，任何形式的地方性知识都不可避免地具有视野的狭隘性，和知识的专属性，和适用范围的狭窄性。麻山地区苗族的地方性知识也不例外。然而麻山地区的生态结构又具有多样性、复合性和微缩性，为了从不同的侧面提供有益的参考和借鉴，甚至是观念上的启迪，都得仰仗社会科学工作者为他们提供来自异民族的、异域的民族志资料信息。举例说，上文已经提到麻山可以试种董棕作为粮食的替代作物。文化人类学家就有责任，提供大量的民族志资料，向他们解释，在地球上有数以百计的民族都以这种作物为主粮。而史学工作者，也应当有责任征引《后汉书》的记载，向麻山苗族人民解释清楚，在两汉时代的“兴古郡”（其辖地范围就在今天的麻山附近），各民族就普遍食用桄榔木树心的面粉，而桄榔木就是文化人类学家向他们推介的董棕。有了这样的信息支持，麻山人民无非是恢复自己的知识记忆而已。执行起来就会轻车熟路。再如，麻山的底洼地带，本身就零星地生长着木棉树，而且在古代也曾经用过木棉制衣。如果我们的文化人类学家向他们提供来自遥远的委内瑞拉的民族志信息，使他们知道委内瑞拉是木棉之国，木棉制品是这国家的支柱产品之一。历史学家也可以向他们推介唐代典籍中所说得南方各族盛产吉贝布，而吉贝就是木棉布。经济学家能够向他们提供木棉内衣在国际市场上畅销的信息，麻山人民恢复、扩大木棉种植就会更加有信心，更加有盼头。

**C. 示范服务**

发掘利用地方性生态知识，绝不意味着对民族地区的生态建设放任自流，也不意味着机械沿袭传统的作法，而是一项创造性的劳动。其实质在于，重新认识各民族的地方性知识，在准确把握的基础上，付以符合科学逻辑的解释，使地方性知识能与现代科学观念相接轨，并能够获得科学的验证。由于受到视野和习惯性观念的限制，相关各族居民不可能独立完成这样的创新劳动，因而发掘利用的过程，本身就是一种艰巨科学技术研究工作。生态人类学正是专门应对这一艰巨研究课题的边沿学科。生态人类学坚持文化相对主义的原则，致力于激励各民族的自尊和自信，引导各族人民总结自己的地方性知识，同时熟悉和了解各种现代科学技术，希望在实践验证的层面上让这样的地方性知识获得科学意义上的验证，并争取为世人所认同。要完成这样的使命，光凭各民族的能人、志士，肯定办不到，或者办不好，而是需要生态人类学工作者作好示范，以示范的成功去激励各民族居民完成生态建设的信心的决心，激活他们的主观能动性和创新意识。没有这样的示范，麻山的生态建设同样做不好。就这个意义上说，生态人类学必须身体力行，敢为人先，为麻山人民作好示范，以事实证明地方性生态知识的有效性和不可替代性。不仅使麻山人民信服，也希望以此说服各级行政干部和其他科技工作者注意到和认识地方性生态知识的不可替代价值，从而能够协调一致的去完成麻山地区生态恢复的艰巨使命。

## 第四节　麻山生态建设与扶贫开发的经验

**A. 生态建设经验**

麻山地区的生态恢复，并不是一项孤立的社会行动，完成这样的工程绝对需要来自不同地区、不同民族、不同时代的资源利用信息，作为生态建设的借鉴和参考。提供这样的信息，并引导麻山人民做出正确的选择，都离不开社会科学工作者的支持和帮助。

麻山的生态建设也绝不是对传统生态智慧与技能的习惯延续，因而也需要现代科学技术的支持。但问题在于，麻山地区的生态恢复有其特殊性，并不是一切现代科学技术都能在麻山的生态恢复中发挥直接作用。因而，麻山的生态建设不仅需要获取现代科学技术的信息，还需要正确的筛选适宜于麻山地区实际的现代科学技术，才能在麻山的生态建设中产生效益。正确地提供现代科技信息，引导麻山人民针对自己所处的自然生态特点和自己的地方性知识，选择利用适合于麻山地区的现代科学技术，也离不开科学工作者的帮助。举例说，在当前的麻山，乡民们为了防止牲畜破坏庄稼，都是用木栅去分割农田和牧场；防止畜群逃散和丢失，也要靠建构栅栏。这种作法虽然有效，但不免显得过时。目前发达国家的牧场，已普遍采用红外线监控发出警报的方式，去规约畜群的活动范围。有的国家已经采用无线电追踪定位办法，监控牲畜的活动范围，这样的技术和工具对麻山地区而言，正好可以派上用场。由于麻山地区的生态结构具有复合性和微缩性，控制家畜家禽的活动范围，对有计划地利用有限的生物资源来说至关重要。推介这样的科技信息，并引导麻山农民掌握这样的新技术、新技能，肯定会在麻山的生态建设中发挥不可估量的作用。此外，为了围堵地漏斗，地质学、水文学的资料库藏，对麻山人民来说，也至关重要。推介这样的信息，对麻山的生态建设同样功不可没。现代育种技术、抗旱种植技术对麻山的生态建设，同样至关重要。

麻山的生态建设不能凭一两项地方性知识，或者一两项现代科学技术，去包揽整个建设任务。作为一项系统工程，它需要的是各种地方性知识的合理配置和叠加升级换代，更需要针对麻山的自然地理特点和地方性知识的特点筛选引进现代科学技术，实现地方性知识与现代科技的有效结合，才能完成这样的系统工程。因此，麻山的生态建设不仅需要麻山人民的创造性劳动，同时需要其他学科的工作者按照上述原则做出创造性的示范，帮助麻山人民归纳总结他们的所知和所能，引导他们补缺和创新，以示范的方式将各种社会力量整合起来，在一个全新的起点上，推动新一轮的麻山生态建设。这不仅是麻山人民对科技工作者的殷切希望，也是麻山生态建设的必由之路，我们的科技工作决不会在麻山的生态建设感到无所作为，相反会感到能够作出贡献的领域和方面比预料的要广阔得多，有价值得多。

总之，针对性的向麻山人民推介现代科技成就，现代科技方法、信息，是科技工作者责无旁贷的使命，通过这个渠道，他们可以为麻山人民作出不可替代的贡献。

**B. 扶贫开发经验**

经验一：集中一切力量，加大扶贫力度，进行全方位扶贫攻坚。[①] 自从 1986 年进行有组织、有计划地开展扶贫工作以来，通过投入大量的人力、物力和财力，加上社会各界和各个方面的大力支持，麻山贫困地区的整个社会已经面貌发生了较大的变化，许多农村地区已经解决了缺水、缺电、公路不通的问题，同时解决了部分贫困农户的温饱问题，并且一些人还过上了小康生活。然而，由于麻山封闭落后的状态由来已久，再加上麻山的自然条件恶劣，人口素质低下，所以麻山地区的贫困程度依然很深，仍然属于贵州最贫困的地区之一。

在建立了“麻山扶贫开发试验区”以后，面对麻山这个实施扶贫攻坚的重点和难点地区，贵州全省上下按照省委、省政府的总体部署全力实施，加大扶贫开发力度以及配套投入，在重点和难点部位着大力进行扶贫攻坚。荔波县瑶山瑶族乡和瑶麓瑶族乡，是黔南自治州最贫困的两个地方，这里地处高寒石山区，自然条件十分恶劣，交通比较闭塞，并且缺水少电，耕作方式原始致使生产力低下。针对这两个特别贫困乡的贫困特点及需要，从 1994 年开始，一是实行定点扶贫责任制[②]，省

① 张北平，麻山瑶山扶贫开发：经验与问题，贵州民族研究（季刊），1998 年，第 2 期，第 146 – 154 页.

② 张北平，麻山瑶山扶贫开发：经验与问题，贵州民族研究（季刊），1998 年，第 2 期，第 146 – 154 页.

**图 8.4.1　建成的公路(杨成摄)**

教委、省社科联和州县相关单位做到定点到乡扶贫，荔波县四大班子的领导成员也都有各自负责的扶贫联系点，县直机关也分片进行包村扶贫，做到不脱贫不脱钩，即使脱贫脱钩也不断线。二是建立专门的麻山扶贫开发试验区管理委员会①，委员会抽调 3 名县级领导干部和十几名县机关骨干以及农业技术人员，分别进驻瑶山乡和瑶麓乡进行定点扶持和全程服务，并且负责领导和组织实施麻山扶贫开发工作。三是同麻山地区其他乡镇一样，确立脱贫目标。四是实行优惠政策，除省里给予政策以外，县里也对瑶山、瑶麓两乡给予重点政策倾斜。从 1994 年开始，5 年内"两瑶"地区所属县级管理的税费，全数返还乡政府，作为扶贫开发的基金；同时减免瑶族村寨 5 年的农业税；并且连续 3 年每年由县财政支出 20 万元专款，作为"两瑶"扶贫开发的启动资金；无偿提供用材林的树苗，用以苗放贷的方式提供经济林树苗，并且保证农用物资的供应。五是加大扶贫资金的投入，从 1994 年到 1997 年，"两瑶"获得各类资金扶持已达 1100 多万元，共建成乡村公路 18.5km，实现了瑶山简易公路村村通，架设输电线路达 7km，修建水池两个，人畜饮水渠道共

① 张北平，麻山瑶山扶贫开发：经验与问题，贵州民族研究(季刊)，1998 年，第 2 期，第 146 - 154 页.

12km，新修建瑶山乡农贸市场 $800m^2$，坡改梯田 1600 余亩。造林共 8830 亩，饲养黑山羊 2600 只，并且用专项扶贫贷款建成了木材加工工厂，购置了 5 辆东风汽车以便于跑运输。香港的邵逸夫先生捐款 80 万港元，国家民委、省民委、省教委等匹配 100 万元人民币修建的瑶山逸夫中学已建成启用，建成了地面卫星接收站并且开通了闭路电视等。通过加大力度，集中投入，全方位的扶贫开发战略，"两瑶"片区扶贫攻坚取得了明显成效。到 1996 年，这两个瑶族乡人均农民纯收入达 720 元，人均粮食 331.6kg，分别比 1993 年增加 489 元和 146.6kg。

经验二：由过去简单的给钱给物、发放救济物资的方式向开发式扶贫、注重提高贫困户自身"造血功能"的方式转变。3 年间，全省上下把扶贫开发当作关系到全省经济发展的一件大事来抓，麻山地区各贫困县更是把扶贫攻坚当作工作重心，大家全力以赴，坚持生态开发扶贫的方针，以解决麻山贫困群众温饱为基本任务，以改善生产生活条件为重点，动用一切办法打好扶贫攻坚战：相继实施了"温饱工程"、"星火计划、科技扶贫"和"希望工程"，启动以山羊、肉牛、油桐、银杏、杜仲、琳猴桃、刺梨、魔芋 8 大项目为基础的"绿色产业工程"，省内外各个渠道投入"两山"地区扶贫资金近 2 亿元，组织种、养、加项目 300 多个。① 据罗甸、望漠、紫云、长顺、惠水、平塘、荔波 7 县统计，3 年来，所辖 26 个"两山"贫困乡镇单获专项扶贫贷款就达 3500 多万元，兴办种养业、乡镇企业以及公路、教育、卫生、人畜饮水、电力、通信等基础设施项目 100 多个，依靠国家政策的倾斜和基层第一线干部群众的艰苦努力，这 26 个乡镇贫困人口由 1993 年的 61447 户 281127 人，减少到 1996 年的 42269 户 185026 人，贫困人口减少了 34.2%，②麻山地区长期贫困落后的面貌因此发生变化，群众的生产生活条件开始得到改善，自我发展的能力也有了明显的增强。

经验三：由单项扶贫向综合配套扶贫转变，将大部分的资金集中用于解决贫困人口的温饱问题，以及用于帮助贫困农户发展种养业和农副产品加工业。在麻山地区大力推广实用的先进农业技术，着重栽培优良作物品种，集中全省的力量，各

① 张北平，麻山瑶山扶贫开发：经验与问题，贵州民族研究（季刊），1998 年，第 2 期，第 146 - 154 页.

② 数据引用自 2012 贵州统计年鉴，贵州省统计局，国家统计局，北京：中国统计出版社，2012.

相关部门开展对应的扶贫活动,如“交通扶贫”、“水利扶贫”、“电力扶贫”、“邮电扶贫”、“教育扶贫”、“文化扶贫”等,在麻山地区修建公路、水利、电站、通信等公共建设项目。[①] 通过各项综合配套的扶贫措施,麻山地区粮食产量增加,农民收入提高,基础设施得到改善,部分种植与养殖业逐步形成了规模,各类副产品加工业也从零开始起步,生产力水平明显提高,经济实力得到加强。

经验四:由单个的、零星的、分散的扶贫向有组织、有规模的扶贫转变。1997年以来,有100多名中央各部委领导干部到贵州当地办公,解决扶贫开发中存在的实际问题。根据党中央和国务院的战略部署,从1996年7月起,深圳、珠海、青岛、大连4个沿海计划单列市对口帮扶贵州,4个市自觉把帮助贵州贫困地区摆脱贫困作为义不容辞的责任,深入扎实地开展扶贫帮困活动,真扶贫、扶真贫、动真情。[②] 到1997年6月,4个市已向贵州贫困地区无偿捐赠扶贫基金、救灾款5118万元,助学款2992万元,捐赠物资折款2000多万元,建希望小学97所,达成协作项目179个,这些资金、物资和项目,相当大一部分投到了麻山贫困地区,为加快麻山贫困地区脱贫致富步伐注入了活力。

特别是1997年6月份以后,对口帮扶出现新的高潮:深圳市人民开展持续3个月的“深黔携手、扶贫帮困”活动,截至9月1日,深圳各界已捐款1088亿元,衣物172.4万件和一批机械设备、运输工具、教学设备、医疗器械。这些捐款和物资,分别捐赠给贵州黔南、毕节两地州的多个贫困县,黔南州“两山”地区的荔波、罗甸、长顺、惠水、平塘5县被列为重点受援县。

经验五:因地制宜,探索符合麻山实际情况的、有效的扶贫开发模式。长期以来,应该走什么样的发展道路,选择什么样的扶贫开发方式等经济发展问题长期困扰着麻山地区的各级干部群众。以往的扶贫工作实践证明,分散式和救济式的扶贫模式,根本不能从根源上解决麻山的贫困问题。所以在麻山扶贫开发的过程中,许多地方都注意总结经验,做到因地制宜,采取“公司+基地+农

---

① 数据引用自:张北平,麻山瑶山扶贫开发:经验与问题,贵州民族研究(季刊),1998年,第2期,第146-154页.

② 资料来源:《贵州省人民政府公报》,1996年,第09期.

户”、“公司+政府+农户”或“异地开发”等形式,[1]探索出适合麻山地区实际的经济发展模式。

1996年年底,青岛市中汇公司经过实地的考察,选择了有16万贫困人口的紫云苗族布依族自治县进行对口帮扶。那里有绵延的荒山以及丰富的牧草,于是他们组建了以畜牧业养殖和畜牧产品加工为主的紫云长征农业开发总公司。他们自己投入资金,给麻山腹地的贫困农户发放种羊,半年后,这批种羊便开始有收益,许多只种羊还销往海南,就这样成功的开辟出了“公司+政府+农户”的“长征式扶贫开发模式”。这种模式的特点是“无偿启动,有偿发展”。“长征模式”给了贫困农民摆脱贫困的机会,成功的解决了贫困户没有脱贫启动资金的难题,并且一并解决了羊的销路问题。这种无偿启动有偿发展的机制可以大规模的覆盖到农户,即授之以鱼又授之以渔,将“输”和“造”有机的结合起来,这样一来贫困的农民既是生产者又是产权的所有者,从被动的接受扶贫转变为主动脱贫者,这一模式及实践经验给我们的启示在于:真正把贫困户当作扶持对象,帮助他们自己动手摆脱贫困,最大限度地帮助农民,发挥农民自有潜质,做到让利于农民。

在扶贫攻坚中,紫云自治县还走出了异地开发扶贫的新路子。该县跳出县级行政区域的框框,针对区位条件差,矿产资源缺,基础设施薄弱的实际,在加强县内扶贫开发的同时,于1995年在安顺经济技术开发区内创建“紫云工业园”,通过两年多努力,自筹资金启动了天安制漆厂、南岳食品厂、可降解快餐盒厂,还投放100万元扶贫贷款合办年产几万吨的安紫水泥厂,下一步将要上马铝合金压铸件厂和三丰有机复合肥厂。[2] 目前“紫云工业园”运转一切正常,成功地解决了县内部分贫困劳动力的就业问题,弥补了紫云经济区位的不足,实现了借地生财异地发展的目标,成为了新的经济增长点。

---

① 中国扶贫开发的措施,http://wenku.baidu.com/view/61fc07f8f705cc1755270931.html,稿件来源,中国扶贫开发服务中心.

② 实例引用自,谭林,梁忠和.紫云资助县扶贫开发工作纪实,安顺日报,2011年2月.

经验六:以麻山贫困地区为重点,深入开展智力支边扶贫。[①] 1994 年实施“国家八七扶贫攻坚计划”,建立“麻山扶贫开发试验区”以来,贵州省政府各级有关部门团结协作,坚持自力更生,艰苦奋斗,借助一切可以利用的力量,充分发挥支援方与受援方两个方面的积极性,以麻山地区为主,在边远的少数民族贫困地区建立了多个智力支边扶贫联系点,重在智力引进与投入、智力扩散与开发、自觉将智力支边与发展市场经济挂钩,开发式支边扶贫措施,取得了突出的成绩。

经验七:推行开发式移民试点。经过多年扶贫开发,麻山地区的贫困状况得到明显的缓解。剩下的需要攻坚的难点,主要是那些生存环境极其恶劣,既缺水,又缺土,不通路又不通电的穷山僻壤。

1995 年,民政部副部长阎明复到紫云苗族布依族自治县进行考察,重点针对麻山地区生存条件恶劣的特殊难题,将紫云县麻山乡镇列入贵州省首批异地开发移民试点,并于 1996 年下拨专款,启动修建了多个移民新村,第一批移民搬迁贫困户已经于 1997 年搬入新村。

经验八:劳务输出。广泛开展劳务输出,是政府部门和社会各界推动麻山地区扶贫攻坚的一个有力举措。政府积极为输出的劳务疏通就业渠道,并且为输出劳务的贫困户发放补贴,解决路费不足的问题。麻山的贫困农户通过劳务输出不仅挣了钱而且学到了技术,他们有的重新返乡,利用学到的技术与赚到的资金自己创业,继续致富家乡。劳务输出是一条脱贫致富的好路子,已被大多数贫困农民所认可。

**C. 结论**

本书仅以麻山的生态建设及扶贫开发为例,探讨了生态人类在实践中的应用可能,如果这样的实践能够达到预期的目的,我们更希望类似的地区也应当以生态人类学的方法为指导,去完成艰巨的生态建设任务。但应提出的是生态人类学研究的旨趣,绝不仅停留于简单的应用,而是要探讨人类社会与地球生命体系之间的制衡关系,希望澄清人类社会可持续稳态运行的哲理基础,探讨人类创

---

① 张北平. 麻山瑶山扶贫开发: 经验与问题, 贵州民族研究(季刊), 1998 年,第 2 期, 第 146 – 154 页.

造的文化在人地关系中所扮演的独特角色，以此揭示人类生态行为可能导致的生态后果，以及人类应当如何通过资源利用方式的改变去赢得更大生存空间的延续能力。换句话说，生态人类学不仅关心人类的过去、现在，更其关注人类的未来，希望通过自己的工作，使人类意识到人类社会与地球生命体系两大复杂体系之间的制衡互动乃是人类社会可持续的基础。人类不能有效地规约和协调自己的生态行为，才是人类社会自身最大的悲剧。为了不使这样的悲剧成为事实，每个民族都要负起责任来，通过资源利用方式的调整，为自己也为别人获得更大的生存空间和延续能力。

# 参考书目


**一、历史文献**

[1][宋]周去非原著，屠友祥校注. 岭外代答[M]. 上海：上海远东出版社，1996.

[2]《元史》卷六十三《地理六》，北京：中华书局，1976，1983.

[3]《明史》卷四十六《地理七》，北京：中华书局，1974，1984.

[4][宋]范成大原著，胡起望，覃光广校注. 桂海虞衡志辑佚校注[M]. 成都：四川民族出版社，1986.

[5]《元史》，《二十五史》第九，上海：上海古籍出版社，1986.

[6][明]田汝成，《炎徼纪闻》，借月山房汇钞本.

[7][清]爱必达，杜文铎等点校. 黔南识略[M]. 贵阳：贵州人民出版社，1992.

[8][宋]周去非. 岭外代答[M]. 屠有祥，校注. 上海：上海远东出版社，1996.

**二、专著**

[1]贵州省测绘局，《贵州省地图集》，1985.

[2]贵州省图书馆藏，木刻本《朱批谕旨》.

[3]杨庭硕. 人群代码的历史过程[M]. 贵阳：贵州人民出版社，1998.

[4]张正东等摘编. 清实录贵州资料辑录[M]. 贵阳：贵州人民出版社，1963.

[5]刘燕华，李秀彬. 脆弱生态环境与可持续发展[M]. 北京：商务印书馆，2001.

[6]熊康宁等. 喀斯特石漠化和遥感－GIS典型研究－以贵州省为例[M]. 北京：地质出版社，2002.

[7]谢家雍. 西南石漠化与生态重建[M]. 贵阳：贵州民族出版社，2001.

[8]蔡运龙. 自然资源学原理[M]. 北京：科学出版社，2000.

[9]刘锋. 百苗图疏证[M]. 北京：科学出版社，2004.

[10]柏果成，史继忠，石海波. 贵州瑶族[M]. 贵阳：贵州民族出版社，1990.

[11]杨庭硕，潘盛之. 百苗图抄本汇编[M]. 贵阳：贵州人民出版，2004.

[12]杨庭硕，吕永锋. 人类的根基[M]. 昆明：云南大学出版社，2004.

[13]洪大用. 社会变迁与环境问题[M]. 北京：首都师范大学出版社，2001.

[14][美]查尔斯·哈珀. 环境与社会－环境问题中的人文视野[M]. 肖晨阳，等译. 天津：天津人民出版社，1998.

[15]杨庭硕. 生态人类学导论[M]. 北京：民族出版社，2007.

[16][美]史徒华. 新桥译丛之《文化变迁的理论》[M]. 张恭启译. 台北：远流出版事业股份有限公司，1989.

[17]AG弗兰克. 白银资本——重视经济全球化的东方[M]. 北京：中央编译出版社，2000.

[18](日)岸根卓郎. 环境论:人类最终的选择[M]. 何鉴译. 南京：南京大学出版社，1999.

[19]艾尔弗雷德· W.克罗斯比. 生态扩张主义——欧洲900－1900年的生态扩张[M]. 沈阳：辽宁教育出版社，2001.

[20]陈庆德等. 发展人类学[M]. 昆明：云南大学出版社，2001.

[21]陈庆德等. 人类学的理论预设与构建[M]. 北京：社会科学文献出版社，2006.

[22]裴盛基，龙春林. 民族植物学手册[M]. 昆明：云南民族出版社，1998.

[23]裴盛基，龙春林. 应用民族植物学[M]. 昆明：云南民族出版社，1998.

[24]古川久雄，尹绍亭. 民族生态——从金沙江到红河[M]. 昆明：云南教育出版社，2003.

[25]国际行动援助办中国公室. 保护创新源泉:中国西南地区传统知识保护现状调研与社区行动案例集[M]. 北京: 知识产权出版社, 2007.

[26]贵州通史编委会. 贵州通史[M]. 北京: 当代中国出版社, 2002.

[27]贵州苗学会. 苗学研究(三)[M]. 贵阳: 贵州人民出版社, 1994.

[28](美)古塔·弗格森. 人类学定位:田野科学的界限与基础[M]. 北京: 华夏出版社, 2005.

[29]洪大用. 社会变迁与环境问题[M]. 北京: 首都师范大学出版社, 2001.

[30]金耀基. 从传统到现代[M]. 北京: 中国人民大学出版社, 1999.

[31]李青. 石灰岩地区开发与治理[M]. 贵阳: 贵州人民出版社, 1996.

[32]李晓云. 谁是农村发展的主体[M]. 北京: 中国农业出版社 ,1999.

[33]刘燕华, 李秀彬. 脆弱生态环境与可持续发展[M]. 北京: 商务印书馆, 2001.

[34]刘燕华. 脆弱生态环境初探:生态环境综合治理和恢复技术研究[M]. 北京: 科学技术出版社, 1993.

[35]罗钰. 云南物质文化·采集渔猎卷[M]. 昆明: 云南教育出版社, 1996.

[36]罗康龙, 黄贻修. 发展的代价——中国少数民族发展问题研究[M]. 北京: 民族出版社, 2006.

[37]马戎, 周星. 二十一世纪:文化自觉与跨文化对话(二)[M]. 北京: 北京大学出版社, 2001.

[38]迈克尔·波伦. 植物的欲望——植物眼中的世界[M]. 王毅译. 上海: 上海人民出版社, 2003.

[39]迈克尔·赫兹菲尔德. 什么是人类常识:社会和人类领域中的人类学理论和实践[M]. 北京: 华夏出版社, 2005.

[40]梅雪芹. 大分流·欧洲、中国及现代世界经济的发展[M]. 南京: 江苏人民出版社, 2003.

[41]秋道智弥等. 生态人类学[M]. 范广融, 尹绍亭译. 昆明: 云南大学出版社, 2006.

[42]陶传进. 环境治理:以社区为基础[M]. 北京: 社会科学文献出版

社，2005.

[43]王筑生. 人类学与西南民族[M]. 昆明：云南大学出版社，1998.

[44]王清华. 梯田文化论——哈尼族生态农业[M]. 昆明：云南大学出版社，2000.

[45]谢家雍. 西南石漠化与生态重建[M]. 贵阳：贵州民族出版社，2001.

[46]熊康宁. 喀斯特石漠化的遥感:GIS典型研究——以贵州省为例[M]. 北京：地质出版社，2002.

[47]许宝强，汪晖. 发展的幻想[M]. 北京：中央编译出版社，2001.

[48]许建初. 中国西南生物资源管理的社会文化研究[M]. 昆明：云南科技出版社，2001.

[49]许建初. 中国西南民族社区资源管理的变化动态[M]. 昆明：云南科技出版社，2004.

[50]徐建新. 云南研究论[M]. 昆明：云南教育出版社，1992.

[51]晏路明. 人类发展与生态环境[M]. 北京：中国环境科学出版社，2001.

[52]杨庭硕. 人类代码的历时过程——以苗族族名为例[M]. 贵阳：贵州人民出版社，1998.

[53]杨庭硕等. 生态人类学导论[M]. 北京：民族出版社，2006.

[54]杨庭硕，吕永峰. 人类的根基——生态人类学视野中的水土资源[M]. 昆明：云南大学出版社，2004.

[55]杨庭硕，潘盛之. 百苗图抄本汇编[M]. 贵阳：贵州人民出版社，2004.

[56]杨继红，王庆. 中国试验区——科学发展观的冶炼炉[M]. 北京：社会科学文献出版社，2005.

[57]尹绍亭. 云南刀耕火种志[M]. 昆明：云南人民出版社，1990.

[58]尹绍亭. 一个充满争议的文化生态体系[M]. 昆明：云南人民出版社，1991.

[59]尹绍亭. 文化生态与物质文化(杂文篇)[M]. 昆明：云南大学出版社，2007.

[60]尹绍亭. 人类生态环境史研究[M]. 北京：中国社会科学出版社，2006.

[61]尹绍亭. 人与森林——生态人类学视野中的刀耕火种[M]. 昆明：云南教育出版社，2000.

[62]尹绍亭等. 雨林啊,胶林[M]. 昆明：云南教育出版社，2003.

[63]徐谋昌. 生态哲学[M]. 西安：陕西人民教育出版社，2000.

[64]袁道先. 中国岩溶学[M]. 北京：地质出版社，1993.

[65]张志良. 开发扶贫与环境移民[M]. 上海：华东师范大学出版社，1996.

[66]张肖梅. 贵州经济[M]. 北京：中国国民经济研究所，1939.

[67]赵跃龙. 中国脆弱生态环境类型分布及其综合治理[M]. 北京：中国环境科学出版社，1999.

[68]紫云苗族布依族自治县概况编写组，修订本编写组. 紫云苗族布依族自治县概况[M]. 贵州：贵阳民族出版社，2007.

[69]紫云苗族布依族自治县县志编纂委员会. 紫云苗族布依族自治县县志[M]. 贵阳：贵州人民出版社，1991.

[70]中国社会科学杂志. 人类学的趋势[M]. 北京：社会科学文献出版社，1996.

[71]周鸿. 人类生态学[M]. 北京：高等教育出版社，2001.

[72](日)祖田修. 农学原理[M]. 张玉林译. 北京：中国人民大学出版社，2003.

**三、论文**

[1]柏贵喜. 乡土知识及其利用与保护[J]. 民族大学学报(人文社会科学版)，2006(1).

[2]陈勇，程国阶，王益谦. 山区人口与环境互动关系的初步研究[J]. 地理科学，2002(3).

[3]陈起伟. 贵州喀斯特石漠化的人为因素分析[J]. 贵州教育学院学报(自然科学版)，2006(2).

[4]陈建庚，朱富寿，赵翠薇，龙拥军. 贵州喀斯特贫困山区(麻山)可持续发展研究——以长顺县板床村为例[J]. 贵州科学，2003(Z1).

[5]陈心林. 生态人类学及其在中国的发展[J]. 青海民族研究，2005(1).

[6]蒋忠诚，李先琨，曾馥平，邱泗杰，邓艳，罗为群，覃小群，谢运球，蓝芙宁. 岩溶峰丛山地脆弱生态系统重建技术研究[J]. 地球学报，2009,30(2).

[7]田红，彭大庆. 本土生态知识的发掘与生态脆弱环节[J]. 原生态民族文化学刊，2009,1卷(2).

[8]王德炉，朱守谦，黄宝龙. 石漠化的概念及其内涵[J]. 南京林业大学学报：自然科学版，2004,11(6).

[9]李育才. 关于我国西南部地区石漠化治理情况的调查报告[J]. 中国绿色时报，2001年6月.

[10]李阳兵，王世杰，容丽. 关于喀斯特石漠和石漠化概念的讨论[J]. 中国沙漠，2004,24(6).

[11]余宏模. 试论清代雍正时期贵州的改土归流[J]. 贵州民族研究(季刊)，1997,70(2).

[12]吴展渊. 明代贵州基层社会变迁与改土归流——兼论民族沟通机制的建立及意义[J]. 黔南民族师范学院学报，2009(5).

[13]杨庭硕. 论外来物种引入之生态后果与初衷的背离——以"改土归流"后贵州麻山地区生态退变史为例[J]. 云南师范大学学报(哲学社会科学版)，2010,42(1).

[14]韩昭庆. 雍正王朝在贵州的开发对贵州石漠化的影响[J]. 复旦学报(社会科学版)，2006(2).

[15]翁家烈. 明代贵州民族关系述略[J]. 贵州民族研究，2004(3).

[16]王孔敬. 西南地区苗族传统生态文化的内容特点及其保护传承研究[J]. 前沿，2010,275(21).

[17]安裕伦. 贵州峰丛喀斯特多民族山区人地关系的思考——以贵州麻山、瑶山及北盘江河谷地区为例[J]. 贵州师范大学学报(自然科学版)，2000,18(3).

[18]蔡运龙. 退化土地的生态重建:社会工程途径[J]. 地理科学，1999(3).

[19]崔明昆. 文明演进中环境问题的生态人类学透视[J]. 云南师范大学学报(哲学社会科学版)，2001(4).

[20]崔明昆. 云南新平花腰傣野菜采集的生态人类学研究[J]. 吉首大学学

报(社会科学版),2004(4).

[21]黄钰铃,惠二青,李靖.中国西南喀斯特地区石漠化成因及防治初探[J].地质灾害与环境保护,2006(1).

[22]刘维民,曾宪灵.贵州喀斯特文化定位保护与利用[J].经济研究导刊,2011,141(31).

[23]郭占锋,罗树杰.发展视角下的少数民族文化产业化——基于云南的田野调查[J].2010,27(1).

[24]蓝安军,熊康宁,安裕伦.喀斯特石漠化的驱动因子分析——以贵州省为例[J].水土保持通报,2001,21(6).

[25]曾馥平.西南喀斯特脆弱生态系统退化原因与生态重建途径[J].农业现代研究,2008,29(6).

[26]白占国,万国江.贵州碳酸盐区域的侵蚀速率及环境效应研究[J].土壤侵蚀与水土保持学报,1998,4(3).

[27]李德文,崔之久,刘更年.岩溶风化壳形成演化及其循环意义[J].中国岩溶,2001,20(1).

[28]姚智,张朴,刘爱明.喀斯特区域地貌与原始森林关系的讨论——以贵州荔波茂兰——望谟麻山为例[J].贵州地质,2002,19(2).

[29]杨汉奎.喀斯特荒漠化是一种地质生态灾难[J].海洋地质与第四纪地质,1995,15(3).

[30]周政贤,毛志忠,喻理飞.贵州石漠化退化土地及植被恢复模式[J].贵州科学,第2002卷,第20卷,第1期.

[31]张殿发,王世杰,周德全.贵州喀斯特地区土地石漠化的内动力作用机制[J].水土保持通报,2001,21(4).

[32]王德炉,朱守谦,黄宝龙.石漠化的概念及其内涵[J].南京林业大学学报:自然科学版,2004,11(6).

[33]翁家烈.明代贵州民族关系述略[J].贵州民族研究,2004(3).

[34]唐合亮.黔南布依族苗族自治州生态环境状况调查[J].贵州省民族研究所,贵州省民族研究学会,贵州民族调查(之卷十八),2000.

[35]石建中. 百苗图与苗族的历史和文化[J]. 中央民族大学学报(社会科学版), 1997,110(1).

[36]罗康隆. 麻山地区苗族复合生计克服“缺水少土”的传统生态智慧[J]. 云南师范大学学报(哲学社会科学版), 2011,43(1).

[37]杨成. 外来农作物的引入及其诱发的生态后果研究[J]. 内蒙古农业大学学报(社会科学版), 2009(2)(第11卷总第44期).

[38]安富海. 论地方性知识的价值[J]. 当代教育与文化, 2010,2(2).

[39]叶舒宪. 地方性知识[J]. 读书, 2001(5).

[40]章昌平, 王力峰, 陈洁. 地方性知识与民族地区生态的可持续发展[J]. 绿色科技, 2011(12).

[41]白晓泳等. 喀斯特山区不同强度石漠化与人口因素空间差异性的定量研究[J]. 山地学报, 2006(2).

[42]李丽, 柏香林. 石头上种树的智慧[J]. 人与生物圈, 2009(5).

[43]吴正彪. 避开喀斯特生态脆弱环节,建构环境友好型社会经济发展模式的思考[J]. 贵州民族研究, 2006(5)(第26卷总第111期).

[44]彭晚霞, 王克林等. 喀斯特脆弱生态系统复合退化控制与重建模式[J]. 生态学报, 2008,28(2).

[45]唐永甜, 袁翔珠. 论西南石灰岩地区少数民族保护土地资源习惯法[J]. 绿色经济,2010(2).

[46]高燕. 西部地区贫困与可持续发展[J]. 云南师范大学学报(社会科学版), 2003(1).

[47]葛全生等. 中国环境脆弱带特征研究[J]. 地理新论, 1990(2).

[48]郭家骥. 生态环境与云南壮族的文化适应[J]. 民族研究, 2003(1).

[49]何培忠. 人类生态学的研究与发展[J]. 国外社会科学, 1994(2).